32nd Jornées des Laboratoires Associés de Radiophysiques et de Dosimétrie (L.A.R.D. 2015)

EPJ Web of Conference Volume 124 (2016)

Gradignan, France
9-10 November 2015

Editors:

S. Incerti
M. Bardiès
R. Gschwind
M.-C. Bordage
J.-M. Bordy

ISBN: 978-1-5108-3047-9

Printed from e-media with permission by:

Curran Associates, Inc.
57 Morehouse Lane
Red Hook, NY 12571

Some format issues inherent in the e-media version may also appear in this print version.

Printed by Curran Associates, Inc. (2015)

For additional information, please contact EDP Sciences – Web of Conferences at the address below.

EDP Sciences – Web of Conferences
17, Avenue du Hoggar
Parc d'Activité de Courtabœuf
BP 112
F-91944 Les Ulis Cedex A
France

Phone: +33 (0) 1 69 18 75 75
Fax: +33 (0) 1 69 28 84 91

contact-edps@webofconferences.org

Additional copies of this publication are available from:

Curran Associates, Inc.
57 Morehouse Lane
Red Hook, NY 12571 USA
Phone: 845-758-0400
Fax: 845-758-2633
Email: curran@proceedings.com
Web: www.proceedings.com

TABLE OF CONTENTS

EPJ Web of Conferences **124**, 00001 (2016) DOI: 10.1051/epjconf/201612400001
L.A.R.D. 2015

32èmes Journées
Laboratoires Associés de Radiophysique et de Dosimétrie
(L.A.R.D.)

9 - 10 November 2015

Centre d'Etudes Nucléaires de Bordeaux-Gradignan

Scientific Editors

Sébastien Incerti, Marie-Claude Bordage, Manuel Bardiès,
Jean-Marc Bordy, Régine Gschwind

A few word about history are useful to understand the present: In the 1980s, Gui Portal, head of the "Service d'Instrumentation et de Dosimetry en Radioprotection", the SIDR, belonging to the "Institut de Protection and de Sureté Nucleaire" of the CEA in Fontenay-aux-Roses (precursor of the current IRSN) and Daniel Blanc, founder of the first Master in medical physics in France and adviser of the SIDR, noticing that this department worked closely with a number of university laboratories, suggested them gathering within an association "type loi de 1901", with the aim of facilitating communication within the community. The « laboratoires associés de radiophysique et de dosimétrie, ou L.A.R.D. » were so born on February 6th, 1986, when the Professor Jean-Louis TEYSSIER registered the society at the prefecture of Haute-Garonne, with the society's seat being the "Centre de Physique Atomique de Toulouse", the CPAT, at Université Paul Sabatier. The constituent assembly of the association was held in Strasbourg, on October 15th, 1986. The first annual report of the L.A.R.D., grouping 1985 and 1986, was published in January, 1987. These former lines as a tribute to our predecessors for their foresight.

The L.A.R.D. gathers research laboratories in France or having strong links with France specializing in radiophysics and dosimetry. These laboratories depend on Universities and on large research organizations which deal with fundamental and applied research. The L.A.R.D. aims to be, at the French level, similar to the association EURADOS, which groups the European laboratories in dosimetry.

Since october 2014, le committee of the L.A.R.D is composed of:
Jean-Marc Bordy (CEA/LNHB, Saclay), President
Manuel Bardiès (INSERM/U. Paul Sabatier, Toulouse), Vice-President
Marie-Claude Bordage (INSERM/U. Paul Sabatier, Toulouse), Treasurer
Régine Gschwind (LCE/CNRS/U. Franche-Comté, Montbéliard), Secretary

Honorary members:
Guy Portal, Fonder
Henri Metivier, SFRP Radioprotection
Jack Arnold, Michel Terrissol, Didier Paul, Libor Makovicka

Fomer presidents of the L.A.R.D were:
Jean Louis Teyssier, Professor, LEPOFI (Limoges)
Daniel Blanc, Professor, CPAT (Toulouse)
Gui Portal, head of service, IPSN (Fontenay-aux-Roses)
Philibert Iacconi, Professor, LPES-CRESA (Nice)
Jean Barthe, CEA/LIST (Saclay)
Didier Paul, CEA/DEC/SPUA (Cadarache)
Libor Makovicka, IRMA/Chrono-Environnement (Montbéliard)

edp sciences

EPJ Web of Conferences

Statement of Peer review

In submitting conference proceedings to EPJ Web of Conferences, I certify to the Publisher that I adhere to the **Policy on Publishing Integrity** of the journal in order to safeguard good scientific practice in publishing.

1. All articles have been subjected to peer review administered by the proceedings editors.
2. Reviews have been conducted by expert referees, who have been requested to provide unbiased and constructive comments aimed, whenever possible, at improving the work.
3. Proceedings editors have taken all reasonable steps to ensure the quality of the materials they publish and their decision to accept or reject a paper for publication has been based only on the merits of the work and the relevance to the journal.

Title, date and place of the conference

32emes journées des Laboratoires Associés de Radiophysiques et de Dosimétrie, L.A.R.D.
9 - 10 Novembre 2015
Centre d'Etudes Nucléaires de Bordeaux-Gradignan

Proceedings editor(s):

Sébastien Incerti, Marie-Claude Bordage, Manuel Bardiès, Jean-Marc Bordy, Régine Gschwind

Date and editor's signature

16-5-2016

EPJ Web of Conferences **124**, 00002 (2016) DOI: 10.1051/epjconf/201612400002
L.A.R.D. 2015

Opening address

This year, the 32èmes Journées des Laboratoires Associés de Radiophysique et de Dosimétrie (L.A.R.D.) were hosted and organized by the Centre d'Etudes Nucléaires de Bordeaux Gradignan (CENBG), a public research laboratory of CNRS/IN2P3 and Université of Bordeaux.

This two days workshop, organized for the members of the L.A.R.D., gave them the opportunity to review their most recent research in radio-physics, radio biology and dosimetry, allowing in particular the young researchers (PhD students and post-doc) to present their work and to share their knowledge in a friendly and open environment.

Eleven oral presentations were given during these days, they covered a wide range of topics, among them dosimetry, radiophysics, radiobiology, radiation protection and simulation, as well as the industrial and biomedical applications of radiation. Five papers are included in this proceeding, four correspond to oral presentations given during the "32èmes journées des L.A.R.D.", one was presented during a previous "Journées des L.A.R.D.". The presentations themselves can be found at http://www.asso-lard.eu/.

The "Prix Daniel Blanc" is awarded by the L.A.R.D. committee every years to honor a particularly interesting PhD thesis work having given rise to numerous publications. This year, this prize was awarded to Alice Petitguillaume for her PhD thesis entitled "Dosimétrie Monte Carlo personnalisée pour la planification et l'évaluation des traitements de radiothérapie interne : développement et application à la radiothérapie interne sélective (SIRT)". This work was completed at the Institut de Radioprotection et de Sureté Nucléaire », the IRSN.

Organization committee:

Sébastien Incerti (CENBG/IN2P3/CNRS/U. Bordeaux) (organisateur local)
Marie-Claude Bordage (INSERM/U. Paul Sabatier, Toulouse)
Manuel Bardiès (INSERM/U. Paul Sabatier, Toulouse)
Jean-Marc Bordy (CEA/LNHB, Saclay)
Régine Gschwind (LCE/CNRS/U. Franche-Comté, Montbéliard)

Local secretariat:

Fanny Damas (CENBG/IN2P3/CNRS/U. Bordeaux)
Nathalie Favret (CENBG/IN2P3/CNRS/U. Bordeaux)

EPJ Web of Conferences **124**, 00002 (2016) DOI: 10.1051/epjconf/201612400002
L.A.R.D. 2015

The Centre d'Etudes Nucléaires de Bordeaux-Gradignan (CENBG)

The CENBG staff was honored to host the 32èmes Journées des Laboratoires Associés de Radiophysique et de Dosimétrie. CENBG is a joint research unit of the CNRS (French National Center for Scientific Research) and the University of Bordeaux. It gathers together a multidisciplinary community of physicists, chemists and biologists who study the structure of matter, from the smallest scales to cosmic particle accelerators. The laboratory conducts research in nuclear and particle physics with their connections to lasers, nuclear energy, health, and the environment. Technical support groups develop state-of-the-art facilities and advanced technologies, creating innovative research instruments and confronting tomorrow's challenges.

Research undertaken at CENBG is focused on five main topics:

- **structure of atomic nuclei**: experimental and theoretical studies of nuclear structure and fundamental interactions; behavior at the limits of stability; rare disintegration channels
- **astroparticle and neutrino physics**: cosmic particle acceleration mechanisms producing gamma-ray emission of pulsars, supernova remnants and active galactic nuclei; the search for a new type of radioactivity: the neutrinoless double-beta decay, to determine the nature of the neutrino
- **nuclear physics and power lasers**: characterizing particle sources generated by lasers; studies of nuclear properties in plasmas
- **nuclear energy, radioactivity and environment**: neutron data applied to 4th generation reactors and environmental impact; waste transmutation; deep underground storage and interactions with micro-organisms
- **health and environment**: health effects of physical-chemical contaminants; mechanisms of action of ionizing radiation, metals, and nanoparticles interactions with living organisms; application to innovative cancer therapies

These research activities and technical developments take place within a large number of scientific projects and collaborations. International collaborations include nuclear physics (SPIRAL2, FAIR), neutrino physics (SuperNEMO) and gamma-ray astrophysics (Fermi, HESS, CTA). Several initiatives and projects are supported by European FP7: energy (ANDES, CHANDA, F-BRIDGE), nuclear physics (SPIRAL2 PP, EURISOL), biology (SPRITE). We host multinational teams on technical facilities (SPIRIT, ERINDA, SPRITE) and participate to long-term programs (ERC P-WIND, ESA GEANT4-DNA). National programs include GDR MI2B, TOXNUC, CNRS MI challenges (NEEDS, NANO) and Becquerel network of radioactivity measurement facilities. Locally, CENBG is part of COTE and LAPHIA LabEx structural initiatives, IOPRA program for cancer treatment, Equipex programs (PETAL+, DESIR) and is in charge of instrumental developments for IRSN at Cadarache.

CENBG equipment also includes three state-of-the-art technical facilities which serve the laboratory's groups and visiting European teams. The **AIFIRA** irradiation platform is dedicated to materials analysis and characterization, 2D/3D imaging, controlled irradiation for biological experimentation, environmental studies, materials analysis and cultural heritage. It is equipped with an accelerator that provides 3.5 MeV light ion beams in vacuum or air, focused to sub-micron spots, as well as monochromatic neutron beams. Beneath significant shielding from cosmic rays, the very low noise spectrometers of the **PRISNA** facility measure gamma isotopes at rates 10,000 times lower than natural radioactivity. Applications range from neutrino physics and archeological studies to wine data and product traceability. Finally, the **PIAGARA** facility offers ultra-high sensitivity (a few thousand atoms) mass spectrometry for rare gas analysis. Applications include marine and land-based geochemistry, meteorite analysis, and $^{81,85}Kr$ as an environmental and nuclear industrial marker.

In summary, CENBG domains of expertise range from experimental and theoretical fundamental physics, to analytical chemistry, as well as molecular and cellular biology methodology. Original instruments are developed to measure subtle physical and chemical effects. The CENBG mechanical design, electronics, computer science, and instrumentation groups work within national and international networks, developing particle detectors, accelerators, and high-energy telescopes.

In addition, CENBG university, scientific, and engineering members of staff teach in the nuclear physics BSc, Masters, and vocational programs (M.Sc. in nuclear instrumentation and GTI2N). Many interns acquire *in situ* training at CENBG each year.

Finally, two technology transfer units make CENBG services available to industry: **ARCANE** support materials analysis with ion beams and **PRISNA-Prestations** provides low-level radioactive isotope sample measurements.

Philippe Moretto,
director of CENBG

EPJ Web of Conferences **124**, 00003 (2016) DOI: 10.1051/epjconf/201612400003
L.A.R.D. 2015

Complexation des acides aminés basiques arginine, histidine et lysine avec l'ADN plasmidique en solution aqueuse : participation à la capture de radicaux sous irradiation X à 1,5 keV

Talat Tariq Khalil, Baptiste Taillefumier, Omar Boulanouar, Christophe Mavon and Michel Fromm[a]

Université de Bourgogne Franche-Comté, UMR CNRS 6249, Laboratoire Chrono-environnement, F-25030 BESANCON CEDEX, France

Abstract. *The chemical environment of DNA in real biological situation is complex notably due to the presence of histones, i.e. nuclear proteins which are linked approximately in equal mass balance to the DNA macromolecule to form chromatin. Histones have numerous terminal tails made up of basic (positively charged) amino acids arginine and lysine while DNA is a macro-anion which holds one negative charge per phosphate moiety all along the double-helix. As a first attempt, in this study, the complexity of the nuclear chromatin structure is mimicked through the formation of complexes made up of the basic amino acids Arg, His, Lys (which apart from His are protonated at physiological pH) and a DNA plasmid used as a probe. Those three amino acids, when free in aqueous solution are known to be effective radical scavengers, notably for the hydroxyl radical, they might therefore protect DNA against indirect effects when exposed to ionizing radiations. At fixed concentration, the scavenging capacities of free amino acids, σ, for the hydroxyl radical are typically such that* $\sigma_{His} \approx \sigma_{Arg} > \sigma_{Lys}$ *(*$\sigma_{Lys} \approx 0{,}1 \times \sigma_{Arg}$*). We have measured the yields of single strand breaks per plasmid and per Gray (*χ*) during exposure of aqueous solutions of complexes [amino acid –plasmid DNA] to ultra-soft X-rays (1,5 keV). At equal concentrations, the three complexed amino acids which also are present in large excess in the solutions do not exhibit DNA protection capabilities that are in line with their scavenging capacities ; we find indeed single strand break yields that follow the order* $\chi_{His} > \chi_{Arg} > \chi_{Lys}$ *(*$\chi_{Lys} \approx 0{,}01 \times \chi_{Arg}$*). After having detailed our experimental protocol, we analyze the specific features of basic amino acids interactions with DNA, based on a bibliographic survey. The specificity of Arg interaction with DNA, especially its propensity to create bidentate contacts with bases (principally with the G base) makes it possible to propose a way by which high DNA single strand break damage is favored in the presence of Arg. An inter-molecular radical transfer is suggested which also seems to hold for the Lysine amino acid. As for the unexpected high single strand break yields observed with His, we suggest some possible pathways but complementary experiments still will have to be performed.*

[a] michel.fromm@univ-fcomte.fr

 DOI: 10.1051/epjconf/201612400003

L'environnement chimique de l'ADN en situation biologique est complexe notamment en raison de la présence d'histones, protéines nucléaires, associées en quantité approximativement égales à l'ADN pour former la chromatine. Les histones possèdent de nombreux radicaux basiques arginine et lysine chargés positivement et dont la majorité se trouve sur les chaînes émergentes, l'ADN présente quant à lui des charges négatives sur ses groupements phosphates localisés tout au long de la double hélice. Dans cette étude, la complexité de la structure de la chromatine nucléaire est dans un premier temps mimée en solution aqueuse par la formation de complexes entre un ADN plasmidique sonde et les trois acides aminés basiques, Arg, His, Lys, qui, mis à part His, sont protonés au pH physiologique. Ces acides aminés libres en solution sont réputés être des capteurs efficaces de radicaux libres, notamment pour le radical hydroxyle, conférant ainsi un pouvoir protecteur vis-à-vis des effets indirects sur l'ADN en situation d'exposition aux rayonnements ionisants. A concentration fixée, les capacités de capture des acides aminés libres, σ, pour le radical hydroxyle sont typiquement les suivantes $\sigma_{His} \approx \sigma_{Arg} > \sigma_{Lys}$ ($\sigma_{Lys} \approx 0{,}1 \times \sigma_{Arg}$). *Nous avons mesuré les taux de cassures simple brin par plasmide et par Gray (χ) lors d'expositions de solutions aqueuses de complexes [acide aminé – ADN plasmidique] aux rayons X ultra-mous (1,5 keV). A concentrations égales, les trois acides aminés complexés et présents en large excès ne manifestent pas une capacité de protection de l'ADN proportionnelle à leur capacité de capture libre et en solution ; on trouve en effet des taux de cassures dans l'ordre suivant* $\chi_{His} > \chi_{Arg} > \chi_{Lys}$ ($\chi_{Lys} \approx 0{,}01\ \chi_{Arg}$). *Après avoir détaillé le mode opératoire de ces mesures, nous analyserons sur des bases bibliographiques, les modes spécifiques d'interaction des acides aminés basiques avec l'ADN. La spécificité des liaisons de l'arginine avec l'ADN et plus particulièrement sa propension à être un ligand bidentate qui se lie aux bases (principalement G) de l'ADN nous permet d'expliquer les taux de cassures simple brin particulièrement élevés observés avec Arg. Un mécanisme de transfert de radical intermoléculaire est suggéré pour Arg. Un raisonnement globalement similaire peut être tenu pour la lysine. Pour l'histidine, nous suggérons quelques voies possibles qui conduiraient à expliquer les taux de cassure anormalement élevés observés, mais cela demandera des expériences complémentaires.*

1 INTRODUCTION

Bien que toutes les molécules constituantes du milieu cellulaire puissent être affectées par un Rayonnement Ionisant (RI), l'étude de l'effet des RIs sur le vivant se concentre essentiellement (mais pas uniquement) sur l'identification et la quantification des dégâts produits à la macromolécule d'ADN. Ces derniers sont regroupés en deux classes appelées effets directs et effets indirects. Les effets directs correspondent typiquement aux conséquences de l'ionisation ou de l'excitation directes de l'ADN alors que les effets indirects se rapportent à la production dans le milieu environnant d'espèces réactives de l'oxygène (ROS) qui sont à leur tour capables d'endommager l'ADN [1]. La compréhension des mécanismes intimes par lesquels ces dégâts sont produits est d'un intérêt capital aussi bien en radioprotection que pour l'amélioration de la radiothérapie. En situation réelle, dans un noyau cellulaire, la macromolécule d'ADN est condensée par les histones (protéines basiques), formant des nucléosomes qui entrent dans la structure des chromosomes. Au plan expérimental, deux approches globales se distinguent lorsqu'il s'agit d'élucider les mécanismes d'endommagement de l'ADN : les expériences *in vivo* et les expériences *in vitro*. Avec les approches *in vivo*, on dispose de la machinerie cellulaire dans son ensemble et la complexité du vivant ne permet pas toujours d'isoler dans le détail le ou les mécanismes physico-chimiques, voire biochimiques exacts à l'origine d'une modification donnée ;

cela d'autant plus que des mécanismes de réparation concomitants de l'ADN existent [2]. A l'opposé, les méthodes *in vitro*, en simplifiant le milieu réactionnel parfois à l'extrême, conduisent à donner une vision moléculaire plus évidente des mécanismes mis en jeu, ce qui permet de mettre en lumière d'éventuels mécanismes sous-jacents. L'expérimentation *in vitro* peut elle-même être envisagée suivant deux modalités opposées, à savoir les approches descendante (top-down) et ascendante (bottom-up). L'approche descendante vise par exemple à complexer l'ADN avec des protéines (histones) extraites du milieu cellulaire et à exposer ces complexes, en milieu aqueux, aux rayonnements ionisants [3]. Dans l'approche ascendante, on cherche à recréer l'environnement chimique pas à pas en remontant vers la complexité du milieu biologique réel. C'est cette dernière alternative qui nous intéresse, car nous étudions notamment l'effet des électrons de basse énergie ($E_{cinétique}$ < 20 eV), dont les profondeurs de pénétration sont de l'ordre du nanomètre [4] dans la matière condensée mais aussi ceux des rayons X ultra-mous (raie Kα de l'aluminium, E ≈ 1,5 keV), qui font l'objet de cette étude. Les photons de 1,5 keV, dont le libre parcours moyen inélastique dans l'eau est λ=7 μm [5], génèrent dans ce milieu des photoélectrons et des électrons Auger qui déposent leur énergie jusqu'à des distances qui typiquement n'excèdent pas 30 nm [6] ; ce qui correspond à la taille d'un nucléosome [4]. Dans un nucléosome, les histones, protéines très riches en acides aminés basiques, sont associées à l'ADN permettant sa compaction [7]. La charge positive des histones basiques permet une interaction forte avec les groupements anioniques phosphate de l'ADN. Les acides aminés basiques sont au nombre de trois, l'arginine (Arg), la lysine (Lys) et l'histidine (His), leur chaîne latérale est généralement protonée au pH physiologique. Notre stratégie consiste à former en solution aqueuse des complexes [ADN • acide aminé] pour ensuite les exposer aux photons de 1,5 keV ; de tels complexes constituent en quelque sorte un modèle de la première couche moléculaire entourant l'ADN dans les histones. Il apparaît que les trois acides aminés basiques ont la propriété d'être de très bons capteurs de radicaux libres (notamment le radical hydroxyle) en solution aqueuse [8], ils sont présents dans nos solutions aqueuses sous forme complexée et à l'état libre car la réaction entre acides aminés et ADN est un *équilibre* de complexation. Dans cette étude, nous allons mesurer les taux de cassures sur un ADN plasmidique sonde (pUC21 avec une longueur de 3266 paires de bases), la solution mère étant en suspension dans l'eau ultra-pure (exempte de tampon). La présence des acides aminés basiques Arg, Lys et His libres en solution ou complexés à l'ADN modulera donc la valeur des rendements de cassures. Ces taux de cassures seront alors comparés aux capacités de capture des acides aminés seuls, ce qui permettra de rendre compte de leur participation aux effets indirects en termes à la fois de protection par capture de radicaux mais aussi d'endommagement de l'ADN.

2 MATERIEL ET METHODES, DISPOSITIF D'IRRADIATION ET DOSIMETRIE

Les solutions complexes sont exposées en environnement atmosphérique à la raie Kα de l'aluminium à l'aide d'un générateur de rayons X à cathode froide dont le faisceau a été caractérisé finement [9,10,11]. Le dispositif complet est schématisé en figure 1, il est piloté via une interface LabVIEW. Les paramètres d'opération sont une tension d'accélération de 4 kV, un courant de 2 mA, et une pression interne au tube de 0,07 mbar. Les échantillons liquides d'un volume initial de 100 μL sont placés à une distance de 10 mm dans un air maintenu à 295 K et à une humidité de 98% RH grâce à une enceinte climatique (KBWF 240, Binder) placée en circuit fermé sur la cellule d'irradiation en PMMA qui contient l'échantillon à irradier. Le porte-échantillon est constitué d'une part d'un ascenseur à filetage (positionnement vertical à ± 10 μm) et d'autre part de la cuve (diamètre de 8 mm, hauteur de 2 mm) en polypropylène pur haute qualité.

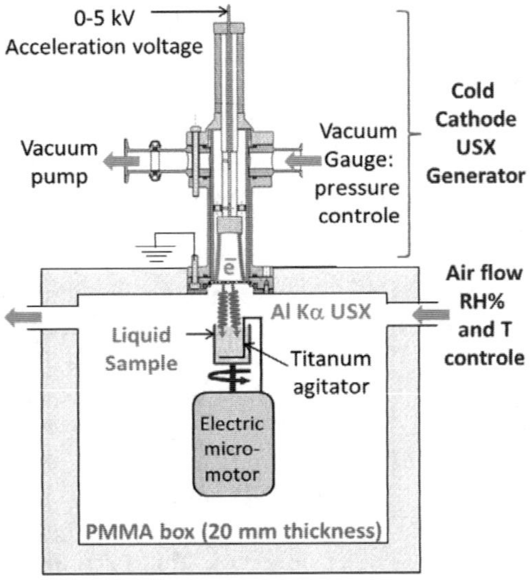

Figure 1. Ultra-Soft X-ray irradiation device. The samples are maintained at a constant temperature (295 K) and humidity (98% RH) by circulating air in the irradiation box using a connection to a Climate Chamber. The samples distance to the X-ray source is determined using a linear roller screw driven positioning stage with a 10 μm precision.

Le système de porte-échantillon est également équipé d'un système d'agitation utilisant un motoréducteur (Modelcraft RB-35, Conrad) qui fait tourner la cuve à une vitesse constante (comprise entre 0 à 120 révolutions.minute^{-1}) alors qu'une tige de titane, fixe, immergée dans la solution assure l'agitation (Fig. 1). L'agitation permet d'assurer un dépôt homogène de la dose dans les 100 μL de solution (2 mm d'épaisseur). L'efficacité de l'agitation sur le dépôt de dose dans la solution aqueuse a été vérifiée de deux façons complémentaires [12]. D'une part, l'utilisation d'ADN plasmidique comme sonde lors d'expériences d'irradiation à durée fixe mais avec des vitesses d'agitation (ω) variant de 0 à 120 révolutions.minute^{-1} a montré que les taux de cassures simple et double brin croissent avec la vitesse d'agitation et atteignent un palier pour $\omega >$ ~80 rev.min^{-1}. Par ailleurs, une série de mesures en dosimétrie de Fricke sous agitation constante (ω = 110 rev.min^{-1}) et avec des temps d'irradiation de la solution qui varient de 0 à 40 minutes ont permis de vérifier que le débit de dose est bien constant : il est égal à 2,24 Gy/min dans l'eau. Ces observations, démontrent non-seulement l'efficacité de l'agitation et la dernière d'entre elles démontre en outre que l'évaporation attendue, en raison du faible volume de solution utilisé, est négligeable, puisque le débit de dose demeure constant au cours du temps. L'humidité de 98% RH maintenue dans la cellule d'irradiation assure ainsi un minimum d'évaporation, en tout état de cause il demeure suffisamment faible, pour qu'il n'ait pas d'incidence sur le débit de dose dans la solution aqueuse. Étant donné la sensibilité des expériences vis-à-vis de l'environnement, elles débutent et terminent toutes par le rinçage de la cuve à l'eau ultra -pure afin d'éviter toute contamination. Les solutions dosimétriques sont préparées fraîchement avant l'expérience, la mesure de dose est effectuée à l'aide d'un spectrophotomètre UV-visible (CARY 100 Scan, VARIAN). L'ensemble du protocole de mesure ainsi que la méthode sont détaillés dans une publication récente de notre groupe [12].

3 PREPARATION ET ANALYSE DES ECHANTILLONS

Les acides aminés, Arg, Lys et His ont été achetés chez Sigma Aldrich (France) avec une pureté > 98%, sous forme de chlorhydrate afin d'assurer la protonation de la chaîne latérale. Cette dernière porte le groupement azoté spécifique des acides aminés basiques, à savoir un groupement guanidinium pour Arg, un groupement imidazole pour His et un simple groupement amine pour Lys. La chaîne principale de ces trois acides aminés est un zwitterion. L'ADN plasmidique a été acheté chez PlasmidFactory GmbH & Co. (Allemagne), il s'agit ici de pUC21 (longueur de 3266 paires de bases ; poids moléculaire de 2,13 x 10^6 Da) stabilisé par la présence de tampon TE (10 mM Tris-HCl + 1 mM EDTA, soit pH 7,6) à une concentration de 500 ng.μL^{-1}. La solution mère est conservée à -20°C, les concentrations des solutions d'ADN préparées pour ce travail ont été contrôlées par spectroscopie UV-Vis, en mesurant l'absorbance à 260 nm et en utilisant ε_{260} = 5,3 x 10^7 cm^{-1} M^{-1} [13]. L'ensemble des solutions a été préparé en utilisant des volumes égaux de chacune des espèces chimiques (ADN et acides aminés), qui une fois mélangés déterminent les concentrations finales attendues (10 ng.μL^{-1} pour l'ADN et 1, 10, 100 et 200 mM pour les acides aminés). Des mesures préalables en gel d'électrophorèse montrent que 95% de cet ADN plasmidique se trouve initialement dans la forme surenroulée. Les bandes de gel d'agarose sont imagées et quantifiées par fluorescence du gel à la longueur d'onde d'excitation de 302 nm en utilisant le système DocTM XR (BioRad) et le logiciel d'analyse spécifique Quantity One (BioRad). Les produits standards nécessaires à ces analyses ont été achetés chez Life Technologies SAS (France). Les paramètres des analyses effectuées en gel d'électrophorèse sont 1% d'agarose dans un tampon TAE à 6.7 $V.cm^{-1}$ durant 7 minutes et 5.0 $V.cm^{-1}$ pour 70 minutes. Les échantillons sont imprégnés avec du SYBR® Safe (Life Technologies) (1× pour le gel et 20× pour l'ADN respectivement). Un traitement statistique permet de déterminer la valeur moyenne des taux de cassures simple (CSB) et double brin (CDB) par plasmide en utilisant les relations suivantes :

$$CSB = \ln [(1-L)/S] \qquad (1)$$
$$CDB = L/(1-L) \qquad (2)$$

où S et L représentent respectivement les fractions (%) détectables de molécules dans l'état topologique surenroulé et linéaire de l'ADN plasmidique [14,15].

4 CONSIDERATIONS PRELIMINAIRES - RADIOLYSE ET CAPTURE DE RADICAUX

Nos expériences d'irradiation étant réalisées entièrement sous atmosphère air, les solutions sont saturées en dioxygène ; typiquement, à saturation, on a 0,25 mM O_2 dissoutes à la température de 25 °C [16]. Lors de la radiolyse par les photons X de 1,5 keV, les principales espèces produites (pour des temps supérieurs à 10^{-15} secondes) sont présentées en figure 2.

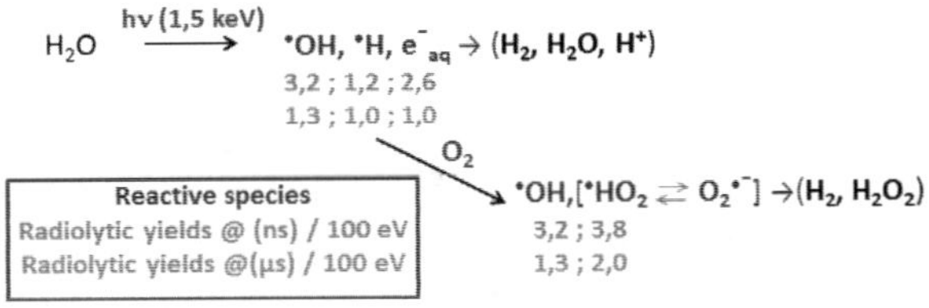

Figure 2. Production of Reactive Oxygen Species by a 1.5 keV USX radiation in water in the presence of molecular oxygen. The radiolytic yields are extracted from [17].

Les rendements radiolytiques sont extraits d'une publication dans laquelle ils ont été estimés pour une large gamme d'énergies d'ions, de photons et d'électrons sur la base de calculs faisant intervenir la diffusion au sein des grappes dans une trace [17]. Le rendement radiolytique le plus élevé correspond au radical hydroxyle (•OH) et aux espèces radicalaires •H et e^-_{aq}. Mais les deux dernières (•H et e^-_{aq}) réagissent sur l'oxygène dissout et forment au cours de la phase physique le couple $^•HO_2$ / $O_2^{•-}$ (radicaux peroxyde et superoxyde) qui finalement, après recombinaisons produisent l'hydrogène moléculaire, H_2 et le peroxyde d'hydrogène, H_2O_2. Pour des temps longs (lorsque la phase chimique est installée, typiquement après 10^{-5} secondes), on est en présence du radical hydroxyle et du peroxyde d'hydrogène, qui sont tous deux des oxydants forts. Mais la durée de vie et/ou la distance moyenne de diffusion de toutes ces espèces dépendent fortement de l'environnement chimique. Il existe en effet des réactions de capture de radicaux ou plus généralement de capture des espèces réactives de l'oxygène (ERO). La capture des EROs est décrite via la capacité de capture σ qui s'exprime en seconde^{-1} [18]. Cette capacité de capture est liée à la constante cinétique k ($L.mol^{-1}.s^{-1}$) en faisant l'hypothèse d'un processus cinétique régi par la relation 3 :

$$\sigma = k\,[\text{Capteur}] \qquad (3)$$

Il existe des tables de données pour les constantes k, une compilation est disponible en ligne à l'Université de Notre Dame (Notre Dame Radiation Laboratory ; Radiation Chemistry Data Center) pour le radical hydroxyle, •OH, l'électron aqueux, l'anion radical oxyde, $^•O^-$ et le radical hydrogène, •H ; ces données correspondent aux données de référence publiées par Buxton et ses collaborateurs [18]. Dans des conditions définies telles que la capacité de capture puisse être calculée sans ambiguïté, il est facile de déterminer le temps de vie d'une ERO ; ce temps τ vaut simplement :

$$\tau = 1/\sigma \qquad (4)$$

Ainsi, connaissant les rendements radiolytiques, donc les concentrations d'EROs (au moins initiales), on arrive dans des conditions données à déterminer les durées de vie de ces espèces, dans des cas simples (avec peu d'espèces chimiques en présence). De plus, en faisant l'hypothèse généralement acceptable d'une diffusion brownienne des espèces en présence, il est possible de déterminer à partir des temps de vie moyens, une distance moyenne de diffusion [19], à savoir :

$$\langle x \rangle = 2,26\sqrt{D\tau} \qquad (5)$$

La relation 5 est essentiellement équivalente à la distance quadratique moyenne parcourue par une particule en mouvement brownien, à savoir $\langle x^2(t) \rangle = 6D\tau$. Les constantes cinétiques pour la capture du radical hydroxyle par les acides aminés Arg, Lys et His sont respectivement : k = 3,5 × 10^9 $L.mol^{-1}.s^{-1}$ à pH = ~7 [19], k = 3,5 × 10^8 $L.mol^{-1}.s^{-1}$ à pH = 6,6 [20] et k = 4,8 × 10^9 $L.mol^{-1}.s^{-1}$ à pH = 7,5 [21]. Si l'arginine et l'histidine ont des capacités de captures proches, celle de la lysine est inférieure d'un facteur 10 à ces deux dernières valeurs. Les capteurs de radicaux (ou d'EROs) limitent le champ d'action spatial et temporel de ces espèces réactives. Les travaux de Roots et Okada [19] ont par exemple démontré que le temps de vie moyen du radical $^{\bullet}OH$ impliqué dans l'endommagement de l'ADN dans des cellules de mammifères est de 3,7 . 10^{-9} s et sa distance moyenne de diffusion vaut environ 6 nm. La relation 4 permet alors de considérer qu'une concentration de 10 mM d'arginine ou d'histidine est suffisante pour mimer les conditions physiologiques, pour la lysine il faudra en revanche au moins une concentration de 100 mM pour mimer l'environnement cellulaire. Il a été suggéré par ailleurs qu'avec une concentration de 200 mM le capteur de radicaux hydroxyle qui a une constante cinétique k = 1,5 x 10^9 $L.mol^{-1}.s^{-1}$ [22] ; à savoir le tampon chimique Tris (ou trishydroxyméthylaminométhane), mime efficacement le milieu cellulaire [24]. Nous explorerons ici la gamme de concentrations de capteurs de radicaux (Arg, His, Lys) suivante 1, 10, 100, 200 mM afin d'englober les conditions de protection équivalentes au milieu cellulaire. Des concentrations plus élevées présenteraient le risque de générer dans la solution de trop nombreux radicaux issus de l'interaction directe du rayonnement X primaire avec les capteurs de radicaux qui auraient pour effet de rendre trop complexe l'analyse ultérieure [25]. Lors de nos expériences, les irradiations sont effectuées sur des durées variant de 0 à 40 minutes (0 - 89,6 Gy) en atmosphère humide et dans l'air à 295K, ainsi le renouvellement en dioxygène est permanent, cela d'autant plus que les solutions sont agitées durant l'exposition aux rayonnements Al Kα. Ainsi, les espèces primaires de la radiolyse de l'eau qui sont produites en permanence ($^{\bullet}OH$, $^{\bullet}H$ et e^-_{aq}), lorsqu'elles ne réagissent pas rapidement, se transforment, pour $^{\bullet}H$ et e^-_{aq} en présence de dioxygène en $^{\bullet}HO_2$ / $O_2^{\bullet -}$ pour donner finalement du peroxyde d'hydrogène (Fig. 2). Il apparaît donc que l'ensemble de ces espèces réactives ne pourra réagir que durant des temps très courts, ou ce qui est équivalent sur des distances de diffusion très faibles. Comme les électrons secondaires générés par la raie Kα de l'aluminium se propagent eux-aussi le long de trajectoires erratiques de faible longueur (typiquement 30 nm ou moins), les volumes d'interactions sont faibles et donc les densités d'ionisations sont fortes. Fulford et ses collaborateurs ont par exemple montré qu'un temps de vie du radical hydroxyle de l'ordre de 10^{-6} seconde est requis pour que la majorité de ces radicaux distribués de façon homogène interagissent indifféremment avec l'ADN plasmidique (dans leur cas ; pUC18 avec 2686 paires de bases et une concentration de 33 $ng.\mu L^{-1}$) ou avec le capteur de radicaux présent [26]. Un tel temps de vie correspond typiquement à des concentrations d'arginine ou d'histidine de l'ordre de 0,25 mM et de 2,5 mM pour la lysine. Nous travaillons avec des ADN plasmidiques pUC21 (3266 paires de bases) à une concentration constante de 10 $ng.\mu L^{-1}$, quant aux concentrations des capteurs de radicaux, elles évoluent de 1 à 200 mM. On peut donc affirmer que dans nos expériences, c'est l'effet des capteurs de radicaux qui est privilégié.

5 RESULTATS.

Les irradiations en présence d'arginine ont fait l'objet d'une étude récente [12] qui a notamment permis de valider le protocole expérimental. Le comportement particulier observé avec l'arginine, à savoir des taux d'endommagement de l'ADN (cassures simple brin) bien plus élevés qu'attendus, et notamment plus élevés d'un facteur ≈ 5 par rapport à un capteur ayant une capacité de capture équivalente (le tampon Tris), est expliqué par la spécificité de l'arginine de se lier non-seulement aux groupements phosphate de l'ADN mais aussi et surtout à l'intérieur de la double hélice, en particulier sur la base G (guanine). Il apparaît donc pertinent de mesurer les taux de cassures en présence des deux autres acides aminés basiques, à savoir la lysine et l'histidine, avec des capacités de captures équivalentes. Pour cela, des solutions d'ADN plasmidique pUC21 en présence de concentrations égales à 1, 10, 100 et 200 mM de ces acides aminés sont exposées à des doses croissantes de rayons X ultra mous (Al kα à 1,5 keV) dans la gamme 0 – 90 Gy. En figure 3 nous présentons l'évolution du taux de cassures simple brin (CSB.plasmide^{-1}, relation 1) du pUC21 en fonction de la dose en présence d'histidine et de lysine ; ces données résultent des analyses d'électrophorèse en gel d'agarose qui fournissent les pourcentages des formes surenroulée, circulaire et linéaire après exposition aux rayonnements (relations 1 et 2).

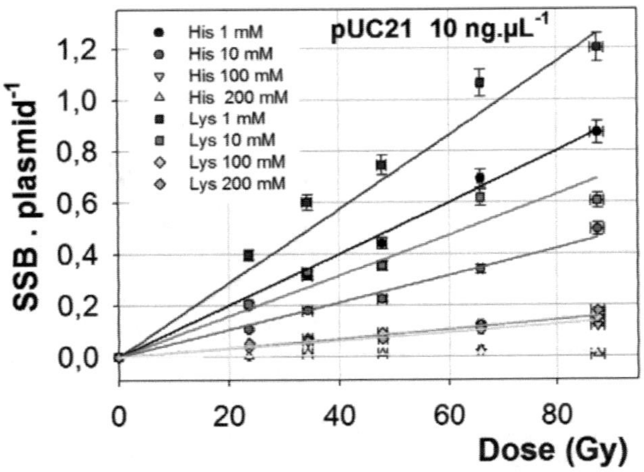

Figure 3. Single Strand Breaks (SSB) per plasmid as a function of delivered dose in aqueous solutions of pUC21 plasmid DNA in the presence of various concentrations of the hydroxyl radical scavengers: Histidine and Lysine.

Des mesures de doses répétées antérieurement à cette expérience ont permis d'évaluer l'incertitude sur la dose en utilisant la déviation maximale par rapport à la valeur moyenne obtenue suite à au moins trois mesures pour chaque dose utilisée. D'une façon équivalente, un ensemble de mesures a mis en évidence que sur trois séries de mesures répétées avec toutes les doses utilisées, la déviation du % de formes surenroulée et circulaire par rapport à la valeur moyenne constituait au maximum 5% de celle-ci. Nous majorons donc l'incertitude expérimentale en prenant des barres d'erreur égales à 5% de la valeur du % de surenroulement mesuré par gel d'électrophorèse.

Les cassures double brin (apparition de la forme linéaire de l'ADN) n'ont été observées qu'au-dessus de 40 Gy et uniquement dans les conditions de faible concentration en acides aminés (1 mM). Dans tous les autres cas, la forme linéaire est absente des résultats d'électrophorèse sur gel d'agarose, ce qui montre bien qu'il y a une capture efficace des radicaux qui se traduit par une probabilité tendant vers zéro d'avoir deux cassures simples à une distance inférieure à 10 paires de bases dans l'ADN (définition de la cassure double). Il apparaît clairement en figure 3 que la concentration de 200 mM en His conduit à une très forte protection de l'ADN par capture efficace du radical hydroxyle. Cela semble donc, *a priori*, indiquer une participation majoritaire du radical hydroxyle à l'endommagement de l'ADN et donc une participation très faible du couple $^{\bullet}HO_2$ / $O_2^{\bullet-}$ et de son produit de transformation finale : H_2O_2. Il est à noter que l'endommagement direct par le peroxyde d'hydrogène *in vivo* ou *in vitro* entraînant une cassure d'un brin de l'ADN n'est pas un mécanisme admis ; pour qu'un endommagement par cassure des brins de l'ADN soit possible avec le peroxyde d'hydrogène, cela requiert la présence d'ions métalliques [27]. Ces derniers peuvent en effet conduire à l'apparition d'une réaction de type Fenton où le peroxyde d'hydrogène est transformé en radical hydroxyle qui est à son tour responsable de la rupture de l'hélice de l'ADN. Lorsque les mécanismes de type Fenton sont minimisés *in vitro*, les dégâts de type radicalaire sont eux-aussi minimisés, seuls des modifications (oxydation) de bases de l'ADN sont observées [28] mais ces dernières ne sont pas quantifiables par électrophorèse sur gel d'agarose. Nous reviendrons sur ce point dans la discussion qui suit.

L'extraction des pentes des droites présentées en figure 3 donne les valeurs des taux de cassure simple brin exprimées en CSB . plasmide^{-1}. Gy^{-1}. Nous avons réalisé ce traitement sur l'ensemble des données relatives à la fois à la capture de radicaux par l'histidine et par la lysine aux différentes concentrations utilisées. Les résultats sont présentés dans le tableau 1. Les écarts-type figurant dans ce tableau proviennent directement de l'analyse par régression linéaire de l'ensemble de données expérimentales (voir par exemple fig. 3) à l'aide du logiciel SigmaPlot™.

Ces données sont représentées graphiquement en figure 4. Sur cette figure, nous avons présenté aussi les valeurs expérimentales obtenues dans un travail antérieur [12] en cours d'édition et qui sont relatives aux taux de cassures simple. plasmide^{-1}. Gy^{-1} du même ADN plasmidique en présence de concentrations variables d'arginine et du tampon Tris. Ces deux dernières espèces sont également des capteurs efficaces du radical hydroxyle avec des capacités de capture du même ordre de grandeur (voir plus haut pour les valeurs des constantes k). On remarque que si les capacités de capture des espèces utilisées respectent l'ordre suivant $\sigma_{His} > \sigma_{Arg} > \sigma_{Tris} > \sigma_{Lys}$ ($\sigma_{Lys} \approx 0{,}1 \times \sigma_{Arg}$), les rendements de cassures simples par plasmide et par gray, suivent l'ordre $\chi_{His} > \chi_{Arg} > \chi_{Lys} > \chi_{Tris}$. L'histidine qui devrait capter le plus efficacement le radical hydroxyle apparaît comme étant l'espèce dont la présence engendre le maximum de dégâts à l'ADN lors de la radiolyse en solution oxygénée.

Table 1. Experimental yields for single strand breaks per plasmid and per Gray determined for various scavenging capacities of Histidine and Lysine. The linear regression slopes and coefficient of determination extracted from figure 3 as well as their respective standard deviations at a given concentration of the amino acids are presented.

Histidine			
Concentration (mM)	CSB . plasmide^{-1}. Gy^{-1}	R^2	Standard deviation
1	0,0102	0,99	0,0005
10	0,0053	0,98	0,0003
100	0,0016	0,93	0,0002
200	0,0013	0,81	0,0001

Lysine			
Concentration (mM)	CSB . plasmide^{-1}. Gy^{-1}	R^2	Standard deviation
1	0,0145	0,95	0,0014
10	0,0077	0,94	0,0009
100	0,0018	0,96	0,0002
200	0,0018	0,95	0,0002

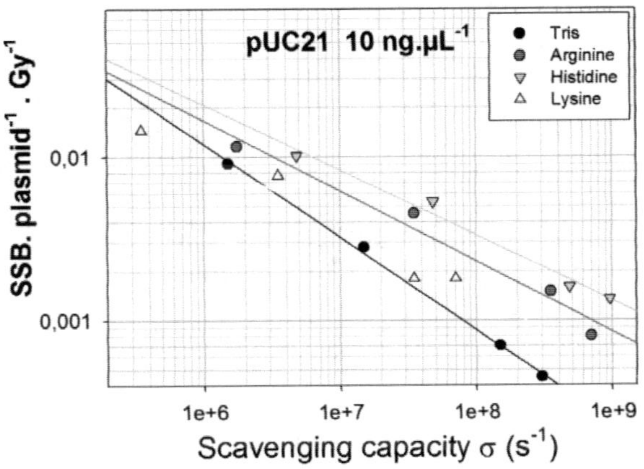

Figure 4. Yields of Single Strand Breaks (SSB) expressed per plasmid and per Gray as a function of the scavenging capacity of Tris, Arg, His and Lys in aqueous solutions of 10 ng.µL^{-1} pUC21 plasmid DNA. The error bars corresponding to the standard deviations (table 1) are too small to be shown; the size of the dots is scaled so that they match their order of magnitude. Color lines correspond to linear regressions that essentially stand to guide the eye.

6 DISCUSSION.

Si seules les capacités de captures des espèces utilisées dictaient l'ordre des rendements de cassures simples de l'ADN, à concentrations égales des capteurs de radicaux, nous devrions trouver $\chi_{Lys} > \chi_{Tris} > \chi_{Arg} > \chi_{His}$, puisque l'on a $k_{Lys} < k_{Tris} < k_{Arg} < k_{His}$, or nous trouvons $\chi_{His} > \chi_{Arg} > \chi_{Lys} > \chi_{Tris}$. Ainsi, il apparaît que les voies de capture du radical hydroxyle ne sont peut-être pas les seules à envisager. Le maximum de dégâts est observé en présence d'histidine, ce qui est surprenant. En effet, nous avons trouvé que l'arginine produit un effet quasi-semblable dans des conditions identiques (Figure 4) et cela a été expliqué [12] par un effet de « proximité » ou de dégâts collatéraux. A noter que cet effet a été confirmé avec trois types d'ADN plasmidiques de longueurs différentes. Nous suggérons que l'arginine, qui a une capacité de liaison sur et dans la double hélice très élevée, capture de façon effective le radical $^{\bullet}OH$ mais transfère ensuite ce radical sur l'ADN lorsque la capture a lieu sur une molécule d'arginine complexée à l'ADN. Si l'on consulte les données très détaillées d'interactions à l'échelle atomique des différents acides aminés avec l'ADN obtenues à partir de l'analyse fine des structures de 129 complexes ADN/protéine [29], il apparaît que sur les trois acides aminés utilisés dans ce travail, en situation biologique, c'est bien Arg qui est majoritairement lié à l'ADN, suivi de Lys et enfin de His. Le raisonnement proposé pour Arg et qui peut sans doute être étendu à Lys ne semble pas pertinent pour His, puisque cette dernière espèce interagit relativement peu avec l'ADN. Une synthèse des différents modes d'interactions d'Arg, Lys et His avec les groupements spécifiques de la molécule d'ADN est présentée dans le tableau 2.

Table 2. Distribution of hydrogen bonds, Vander Waals contacts and water-mediated bonds according to the participating amino acids of Arg, Lys,His and DNA component. Data are extracted from [29]

Amino acids	DNA bases				DNA strands		Total	%
H-bonds	Cytosine	Thymine	Adenine	Guanine	Ribose	Phosphate		
Arg	24	8	19	98	8	218	375	65
Lys	9	6	4	30	3	109	165	28
His	-	1	1	12	-	26	40	7
Van der Waals bonds								
Arg	14	31	14	14	87	238	398	42
Lys	4	12	8	17	79	310	430	45
His	9	12	-	1	27	80	129	13
H2O Bridges								
Arg	8	15	11	27	11	113	185	60
Lys	2	11	8	17	6	59	103	33
His	2	1	1	2	-	17	23	7

Il est clair que l'arginine est l'acide aminé basique qui présente les plus importantes capacités de « fixation » sur l'ADN, que ce soit par liaison hydrogène, de Van der Waals ou par pontage utilisant les molécules d'eau. C'est la lysine qui occupe la deuxième position en termes de « fixation » sur l'ADN, elle a même une capacité de fixation par liaisons de Van de Waals légèrement supérieure à Arg. Ces deux acides aminés interagissent très préférentiellement avec les groupements phosphates et dans une moindre proportion mais de façon préférentielle avec la base G. En termes de pourcentages totaux, l'histidine ne représente respectivement que 7%, 13% et 7% de l'ensemble des liaisons hydrogène, de Van der Waals ou des pontages utilisant les molécules d'eau. On peut donc considérer que l'histidine est faiblement distribuée sur les sites fonctionnels de l'ADN, ce qui implique une faible probabilité de transmission de radical consécutivement à la capture, sauf si les radicaux créés sur l'histidine ont une durée de vie suffisamment grande pour diffuser jusqu'à la macromolécule d'ADN. Une étude récente de la radiolyse des acides aminés basiques en solution aqueuse basée sur des analyses fines de spectrométrie de masse a mis en évidence la nature de leurs produits de décomposition suite à l'exposition de solutions aqueuses aux rayonnements gamma du ^{137}Cs. Dans cette étude [30], ce sont les effets de l'oxydation par le radical hydroxyle qui ont été étudiés. De manière intéressante, il apparaît que l'histidine est l'acide aminé basique dont les produits de radiolyse sont les plus nombreux et variés, contrairement à la lysine et à l'arginine. Cette variété de produits d'oxydation radiolytique s'explique par l'ouverture du cycle imidazole qui peut entraîner la formation de nombreux sous-produits qui ne sont à ce jour pas tous identifiés. Des études de radiolyse pulsée combinées à des analyses spectroscopiques ont en outre mis en évidence la formation de radicaux libres sur l'histidine et sur le cycle imidazole [31]. A ce stade il apparaît cependant difficile d'expliquer pourquoi la présence d'histidine conduit à un taux d'endommagement de l'ADN par cassures simples anormalement élevé, cela d'autant plus que cet acide aminé est le moins enclin à être localisé sur ou dans la double hélice. Cette dernière assertion doit cependant être modulée car nous avons utilisé un sel d'histidine (Chlorhydrate de L-histidine qui en solution aqueuse se dissocie en anion et cation ; la charge positive du cation étant localisée sur le cycle imidazole, en bout de chaîne latérale). La figure 2 indique que le peroxyde d'hydrogène est produit en quantités importantes lors de la radiolyse des solutions aqueuses oxygénées, ce qui est notre cas. Bien que ce peroxyde ne soit pas capable de casser un brin d'ADN à lui seul, la littérature rapporte des exemples de synergie entre le peroxyde d'hydrogène et l'histidine qui conduisent à une dégradation accrue de l'ADN *in vivo* [32]. Des études *in vitro* ont également été menées sur ce cas [33] mais elles montrent clairement que l'endommagement amplifié de l'ADN en présence d'histidine ne se produit qu'en présence d'un métal de transition via un mécanisme de type Fenton. Dans ce travail il est montré que la valeur optimale du rapport [Fe(II)] / [Histidine] est 10^{-3}. Il n'y a pas de raison de trouver dans nos solutions des quantités importantes de métaux de transition, seul l'agitateur est en titane mais ce métal est oxydé en surface et présente une barrière d'oxyde qui est réputée être imperméable à l'oxygène moléculaire, on imagine donc mal une réactivité de ce métal avec les espèces en solution. De plus, l'oxyde de titane est TiO_4, soit donc le Ti (IV), qui ne peut pas être oxydé dans une réaction de type Fenton. Tachon et ses collaborateurs n'excluent pas la possibilité d'endommagement de l'ADN par un radical carboné de l'histidine. Ils citent également une étude [34] qui se focalise sur la formation d'un produit d'oxydation radiolytique des protéines : la 2-Oxo-histidine et suggèrent que cette molécule serait un bon candidat pour expliquer les dégâts oxydatifs à l'ADN médiés par l'histidine. Il se trouve que ce composé est l'une des espèces majoritairement créée lors de l'action du radical hydroxyle sur l'histidine en solution aqueuse [29]. Enfin, Milligan et ses collaborateurs ont reporté [35] que parmi les 6 acides aminés les plus réducteurs, à savoir cysteine, cystine, histidine, methionine, tryptophane et tyrosine, contrairement à tous les autres, seuls la cystine et l'histidine ne présentent pas de capacité à réparer les radicaux guanyls (générés par les effets directs sur la base G de l'ADN).

7 CONCLUSION.

Les taux de cassures simple brin anormalement élevés observés avec les trois acides aminés basiques Arg, Lys et His, comparativement à ceux observés avec le tampon Tris dans des conditions de concentrations initiales égales sont expliquées pour Arg et Lys par leur forte propension à se lier directement dans et sur la macromolécule d'ADN. Cet effet de proximité se traduirait par le transfert du radical créé sur l'acide aminé suite à la capture d'un radical hydroxyle directement vers la macromolécule d'ADN. Dans le cas de l'histidine, les taux de cassure mesurés s'avèrent être encore plus élevés et sont en désaccord avec la prévision faite sur la base de sa forte capacité de capture et en prenant en compte sa faible propension à être localisé dans ou sur la double hélice. Cependant, cet acide aminé est celui qui présente les voies de décomposition radio-oxydative les plus diverses avec des sous-produits radicalaires ou non pour certains non-encore identifiés. De plus, l'utilisation dans ce travail d'un chlorhydrate d'histidine conduisant à produire en solution un site imidazole chargé positivement doit augmenter la probabilité de présence de l'histidine au moins à proximité des groupements phosphates anioniques de la double hélice de l'ADN. Nous allons vérifier si cette hypothèse est acceptable en utilisant une histidine non chargée dans les conditions de pH de nos expériences, c'est-à-dire la molécule pure et pas un sel.

Ce travail a mis en évidence le rôle inattendu des capteurs de radicaux Arg, Lys et His qui sont les espèces chimiques les plus exposés à la surface des protéines de type histones et qui entrent dans la composition de la chromatine nucléaire des cellules biologiques. Bien entendu, les histones sont composées de polypeptides de haut poids moléculaires et il apparaît donc pertinent de poursuivre ce type d'étude en utilisant des molécules de type di- ou tri-peptide pour aller ensuite vers des assemblages plus complexes.

REMERCIEMENTS.

Nous remercions le gouvernement Irakien d'avoir financé la thèse de doctorat de Monsieur T. T. Khakil.

REFERENCES.

1 IAEA (2010) Training Course Series 42, Radiation Biology: A Handbook for Teachers and Students. Vienna, International Atomic Energy Agency, 13-32.
2 C. R. Hunt et al., Histone Modifications and DNA Double-Strand Break Repair after Exposure to Ionizing Radiations, Radiation Research **179**, 383–392, (2013)
3 V. A. Sharpatyi, Z. Gennady, Dans: Radiation chemistry of biopolymers. CRC Press, Taylor and Francis Group, (2006).
4 O. Boulanouar, et al., Absolute cross section for loss of supercoiled topology induced by 10 eV electrons in highly uniform /DNA/1,3-diaminopropane films deposited on highly ordered pyrolitic graphite. J. Chem. Phys. **139**(5), 055104, (2013)
5 J. P. Freyer et al., Measurement of the G-value for 1.5 keV X-rays. Int. J. Radiat. Biol. **56**(6):885–892, (1989)
6 S. Uehara, H. Nikjoo, Monte Carlo simulation of water radiolysis for low-energy charged particles. J. Radiat. Res. **47**(1), 69–81, (2006)

7 B. Alberts, A. Johnson, J. Lewis, M. Raff, K. Roberts, and P. Walter, Molecular Biology of the Cell, 4th edition, New York: Garland Science, (2002)

8 I. Zs.-Nagy, R.A. Floyd, Hydroxyl free radical reactions with amino acids and proteins studied by electron spin resonance spectroscopy and spin-trapping. Biochimica et Biophysica Acta, **790**, 238-250, (1984)

9 N. Ounoughi, Beam characterization of a lab bench cold cathode ultra-soft X-ray generator, NIM B, **305**, 61-66, (2013)

10 J.E. Groetz, Conception and realization of a parallel-plate free-air ionization chamber for the absolute dosimetry of an ultrasoft X-ray beam, Review of Scientific Instruments, **85**, 83304, (2014)

11 N. Ounoughi et al., Spatial Distribution of Air Kerma Rate and Impact of Accelerating Voltage onthe Quality of an Ultra Soft X-ray Beam generated by a Cold Cathode Tube in Air. Radiation Measurements, **80**, 23-28, (2015)

12 M. Souici et al., DNA Strand Break Yield dependence on Tris and Arginine Scavenger concentrations under Ultra-Soft X-ray irradiation: the contribution of Secondary Arginine Radicals. Accepté dans Radiation and Environmental Biophysics, (2015)

13 K.L. Manchester, Use of UV methods for measurement of protein and nucleic acid concentrations. Biotechniques, **20**(6),968-970, (1996)

14 M. Spotheim-Maurizot et al., DNA radiolysis by fast neutrons. Int. J. Radiat. Biol. **57**(2), 301–313, (1990)

15 M. Spotheim-Maurizot et al., DNA radiolysis by fast neutrons. II. Oxygen, thiols and ionic strength effects. Int. J. Radiat. Biol. **59**(6),1313–1324, (1990)

16 C. Kemker "Dissolved Oxygen." Fundamentals of Environmental Measurements. Fondriest Environmental, (2013), Inc.http://www.fondriest.com/environmental-Measurements/parameters/water-quality/dissolved-oxygen/

17 H. Yamaguchi, Y. Uchihori, N. Yasuda, M. Takada and H. Kitamura, Estimation of Yields of OH Radicals in Water Irradiated by Ionizing Radiation. J. Radiat. Res. **46**, 333–34, (2005)

18 G.V. Buxton et al., Critical review of rate constants for reactions of hydrated electrons, hydrogen atoms and hydroxyl radicals (•OH/•O-) in aqueous solution. J. Phys. Chem. Ref. Data **17**, 513-886, (1988)
https://www3.nd.edu/~ndrlrcdc/Compilations/INTRO.HTM

19 R. Roots, S. Okada, Estimation of Life Times and Diffusion Distances of Radicals Involved in X-Ray-InducedD NA Strand Breaks or Killing of Mammalian Cells. Radiation Research **64**, 306–320, (1975)

20 G. Scholes, P. Shaw, R.L. Willson, M. Ebert, Dans: Pulse Radiolysis, Ebert, M.; Keene, J.P.; Swallow, A.J.; Baxendale, J.H. (eds.), Academic Press, New York, 151-64 (1965).

21 T. Masuda, S. Nakano, M. J. Kondo, Rate constants for the reactions of OH radicals with the enzyme proteins as determined by the p-nitrosodimethylaniline method. J. Radiat. Res. **14**, 339-345 (1973)

22 N. Motohashi and Y. Saito, Competitive measurement of rate constants for hydroxykl radical reactions using radiolytic hydroxylation of benzoate. Chem. Pharm. Bull. **41**, 1842-1845. (1993)

23 M. Hicks, J. M. Gebicki, Rate constants for reaction of hydroxyl radicals with Tris, Tricine and Hepes buffers. FEBS Letters, **199**(1), 92–94 (1986)

24 P.S. Hodgkins, M.P. Fairman and P. O'Neill, Rejoining of Gamma-Radiation-Induced Single-Strand Breaks in Plasmid DNA by Human Cell Extracts: Dependence on the Concentrationo f the HydroxyRl adicalS cavenger,Tris. Radiation Research **145**, 24-30 (1996)

25 J. R. Milligan, J. A. Aguilera, J. F. Ward, Variation of single-strand break yield with scavenger concentration for plasmid DNA irradiated in aqueous solution. Radiation Research **133**(2),151–157 (1993)

26 J. Fulford, P. Bonner, D.T. Goodhead, M.A. Hill, P. O'Neill, Experimental Determination of the Dependence of OH Radical Yield on Photon Energy: A Comparison with Theoretical Simulations. J. Phys. Chem. A **103**,11345–11349 (1999)

27 J. A. Imlay, S. M. Chin, S. Linn, Toxic DNA damage by hydrogen peroxide through the Fenton reaction in vivo and in vitro. Science, **240** (4852), 640-642 (1988)

28 J.F. Mouret, M. Polverelli, F. Sarrazini, and J. Cadet, Ionic and radical oxidations of DNA by hydrogen peroxide, Chem.-Biol. Interactions, **77**, 187-201 (1991)

29 N. M. Luscombe, R. A. Laskowski, J. M. Thornton, Amino acid-base interactions: a three-dimensional analysis of protein-DNA interactions at an atomic level. Nucleic Acids Research, 29, 13, 2860-2874 (2001)

30 G. Xu, K.Takamoto, and M. R. Chance, Radiolytic Modification of Basic Amino Acid Residues in Peptides: Probes for Examining Protein-Protein Interactions. Anal. Chem. **75**, 6995-7007 (2003)

31 S. Navaratnam and B. J. Parsons, Reduction potential of histidine free radicals : a pulse radiolysis study. J. Chem. Soc., Faraday Trans., 94(17), 2577-2581 (1998)

32 O. Cantoni, P. Sestili, G. Brandi, F. Cattabeni, The L-histidine-mediated enhancement of hydrogen peroxide-induced cytotoxicity is a general response in cultured mammalian cell lines and is always associated with the formation of DNA double strand breaks, FEBS Letters, **353**, 75-78 (1994)

33 P. Tachon, A. Deflandre and P.U. Giacomoni, Modulation by L-histidine of H2O2-mediated damage of cellular and isolated DNA. Carcinogenesis, **15**(8),1621-1626 (1994)

34 K. Uchida and S. Kawakishi, 2-Oxo-histidine as a novel biological marker for oxidatively modified proteins. FEBS Lett., **332**, 208-210 (1993)

35 J.R. Milligan, J.A. Aguilera, A. Ly, N.Q.Tran, O. Hoang and J. F., Ward Repair of oxidative DNA damage by amino acids. Nucleic Acids Research, **31**(21), 6258-6263 (2003)

EPJ Web of Conferences **124**, 00004 (2016) DOI: 10.1051/epjconf/201612400004
L.A.R.D. 2015

High energy photon reference for radiation protection: technical design of the LINAC beam and ionization chambers; and calculation of monoenergetic conversion coefficients

D. Dusciac [a], J.-M. Bordy, J. Daures, V. Blideanu

CEA, LIST, Laboratoire National Henri Becquerel (LNE-LNHB), Bât. 602 PC111, CEA-Saclay 91191 Gif-sur-Yvette Cedex, France

Abstract. *In this work, we present the results of the first part of a research project aimed at offering a complete response to dosimeters providers and nuclear physicists' demands for high-energy (6 – 9 MeV) photon beams for radiation protection purposes. Classical facilities allowing the production of high-energy photonic radiation (proton accelerators, nuclear reactors) are very rare and need large investment for development and use. A novel solution is proposed, consisting in the use of a medical linear accelerator, allowing a significant decrease of all costs.Using Monte Carlo simulations (MCNP5 and PENELOPE codes), a specifically designed electron-photon conversion target allowing for obtaining a high energy photon beam (with an average energy weighted by fluence of about 6 MeV) has been built for radiation protection purposes. Due to the specific design of the target, this "realistic" radiation protection high-energy photon beam presents a uniform distribution of air kerma rate at a distance of 1 m, over a 30 × 30 cm² surface. Two graphite cavity ionizing chambers for ionometric measurements have been built. For one of these chambers, the charge collection volume has been measured allowing for its use as a primary standard. The second ionizing chamber is used as a transfer standard; as such it has been calibrated in a 60Co beam, and in the high energy photon beam for radiation protection.The measurements with these ionizing chambers allowed for an evaluation of the air kerma rate in the LINAC based high-energy photon beam for radiation protection: the values cover a range between 36 mGy/h and 210 mGy/h, compatible with radiation protection purposes.Finally, using Monte Carlo simulations, conversion coefficients from air kerma to dose equivalent quantities have been calculated in the range between 10 keV and 22.4 MeV, for the spectral distribution of the fluence corresponding to the beam produced by the linear accelerator of the LNE-LNHB.*

Cette étude propose une solution pour répondre à la demande des fabricants de dosimètres et des exploitants du nucléaire de disposer de champs de rayonnements photoniques de haute énergie (6 à 9 MeV) afin de caractériser (test de type) des dosimètres en vue de leur mise sur le marché et de les étalonner. Les installations de production de champs de rayonnements photoniques de haute énergie sont « lourdes » et très rares (accélérateur de protons, réacteurs nucléaires type piles piscines, ...). L'utilisation d'un accélérateur médical permet de mutualiser l'utilisation entre radioprotection et radiothérapie en diminuant les coûts d'exploitation. Dans un premier temps, nous avons défini (par simulations Monte Carlo) puis réalisé un ensemble cible de conversion-atténuateur-égalisateur, qui permet d'obtenir un faisceau homogène de photons de haute énergie (énergie moyenne pondérée par la fluence égale à 6,17 MeV) pour la radioprotection à partir d'un faisceau d'électrons

[a] dorin.dusciac@cea.fr

de 18 MeV, fourni par l'accélérateur linéaire médical du LNE-LNHB. Le faisceau ainsi obtenu est homogène en termes de kerma dans l'air sur une surface de 30 × 30 cm² à 1 m. Dans un second temps, nous avons fabriqué, assemblé et caractérisé deux chambres d'ionisation à cavité en graphite pour réaliser les mesures ionométriques. Pour l'une de ces chambres, nous avons mesuré le volume de collection des charges permettant ainsi de l'utiliser en tant qu'étalon primaire, l'autre chambre d'ionisation étant un étalon de transfert, elle a été étalonnée dans un faisceau de ^{60}Co et dans le faisceau de photons de haute énergie pour la radioprotection. Les mesures effectuées avec les chambres d'ionisation ont permis d'évaluer la valeur du débit de kerma dans l'air dans le faisceau de photons de haute énergie: celle-ci couvre une gamme entre 80 mGy/h et 210 mGy/h, ce qui est compatible avec les besoins dans ce domaine. Enfin, nous avons calculé à l'aide de simulations Monte-Carlo des coefficients de conversion du kerma dans l'air vers les équivalents de dose pour des énergies de photons discrètes de 10 keV à 22,4 MeV dans des configurations géométriques spécifiques et pour la distribution spectrale de la fluence produite sur le LINAC du LNE-LNHB.

1 Introduction

Radiation protection of workers susceptible to be exposed to ionizing radiation requires the use of dosimeters type tested and calibrated in radiation fields covering all the encountered situations at one's workplace. For photon radiation, the radiation qualities to be used for type tests and calibrations are described in the international standard series ISO 4037. Moreover, in nuclear industry, dosimeters must be tested in high energy photon fields (mean energy of spectrum of 6 to 7 MeV).

A LNE-LNHB project was launched in order to design, construct and characterize a high energy photon field in order to meet the dosimeters manufacturers and users needs (Project Review 2014).

The international standard ISO 4037-1 [1] presents the production modes and the technical characteristics of radiation fields that are necessary for the characterization of these dosimeters for high-energy photons. There are few facilities providing high-energy photon fields for radiation protection standards and calibration purposes. The current work presents a new practical solution of setting such fields using a conventional radiotherapy linear accelerator (LINAC).

2 State of the art

In nuclear power plants and near the large accelerators, the workers might be exposed to high-energy photons (> 2 MeV). In case of nuclear reactors, high-energy gamma fields are produced by the activation of oxygen in the primary circuit fluids (i.e. water in France, carbon dioxide in Great Britain). By an (n,p) reaction on ^{16}O, fast neutrons produce ^{16}N, then its decay gives high energy photons, with an energy of 6.13 MeV (ISO 4037-1) [1].

Today, only the German (Calibration and Measurement Capabilities 2013) [2] and the Russian (Calibration and Measurement Capabilities 2014) [3] National Metrological Institutes dispose of photonic high energy beams for the characterization of dosimeters. The PTB beams are produced by the activation of Fluor and/or Carbon targets by a proton beam, the VNIIM beams are produced by a LINAC (maximum energy 10 MeV) and a betatron (maximum energy 50 MeV).

Radiation fields for radiation protection have to be characterized in terms of fluence and air kerma to derive the dose equivalents. Characterization in terms of air kerma using primary ionization chambers has already been performed at LNE-LNHB for photon beams used for radiation protection and radiotherapy (^{137}Cs and ^{60}Co energies). Thus 6 primary cavity ionization chambers have been designed and built in 2008 at the LNE-LNHB [4]. The same design is used for this study.

For the characterization in terms of dose equivalents of the radiation fields, the determination of conversion coefficients (from air kerma to dose equivalents) is needed. The average conversion coefficients are obtained through convolution of mono energetic conversion coefficients (CC) with the fluence spectra at the measurement point. The mono energetic CC's are available up to 10 MeV in ICRU report 57 [5].

In this work, a new high-energy photon reference facility for radiation protection is dscribed, and a series of Monte Carlo calculations of the CC are presented to extend the range of available CC up to 22.4 MeV.

3 High energy photon standard for radiation protection

Our objective is to obtain a radiation field with a narrow distribution of fluence in terms of energy, of an equivalent energy of 6 – 7 MeV, homogenous in terms of dose equivalent and/or air kerma over a 30 cm × 30 cm^2 surface, centered at the point of measurement, and with dose equivalent rates compatible with radiation protection purposes.

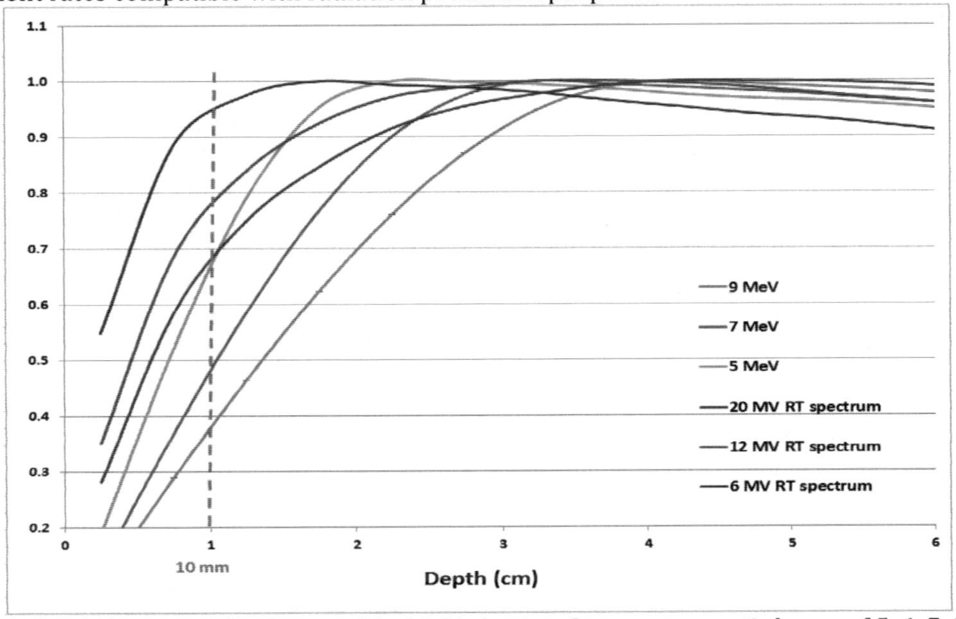

Figure 1. Depth dose normalized curves in a 'slab' phantom for mono energetic beams of 5, 6, 7, 8 and 9 MeV and radiotherapy spectra of 6, 12 and 20 MV

As a first stage of our work, a series of normalized percentage depth dose curves for mono energetic beams of high-energy photons were calculated using MCNP5 code.

In these simulations, a large source (larger than 30 cm × 30 cm) emits a parallel and homogenous photon beam directed towards the entry facet of a 'slab' phantom of 30 cm × 30 cm × 15 cm made of tissue equivalent material (as defined by the ICRU [6]. The mono energetic photon beams are of 5, 7 and 9 MeV, the same calculation were made with the three radiotherapy spectra of 6, 12 and 20 MV previously calculated in air, at the entry of a cubic, 30 cm × 30 cm × 30 cm water phantom [7]. As it can be seen in figure 1, the percentage depth dose normalized curves obtained with these three radiotherapy spectra are not superposed with those obtained with the mono energetic photon beams. This means that the radiotherapy spectra are unable to reproduce the behavior of a mono energetic high-energy photon beam. Nevertheless, the curve of the 20 MV radiotherapy spectrum intercepts the 10 mm depth vertical line in the same region that the curve of the 5 MeV beam. This clearly indicates that for a mean energy of about 6 MeV, the new high-energy photon beam for radiation protection could be obtained from a LINAC radiotherapy beam of about 20 MV, taking care of a consequent reduction of low photon energies by the use of a specifically designed target.

Therefore, a beam of high-energy photons can be obtained by the slowdown of an electron beam, on a metal target of high atomic number (needed in order to favor energy loss by bremsstrahlung). In this work, we use high-energy electrons (18 MeV) supplied by the medical linear accelerator Delphes of LNE-LNHB in order to obtain high-energy photons. In order to "harden" the spectrum of photons (i.e. to reduce the proportion of low-energy photons), the high atomic number material of the target is supplemented by a material of low atomic number.

Interaction of an 18-MeV electron beam with several combinations of high-Z materials (tungsten, lead, gold, copper) and low-Z materials (graphite, beryllium) with various thicknesses were studied. A thorough analysis of the obtained simulated results showed that the best hardening of the spectrum and the best air kerma rate reduction was obtained with a layer of tungsten thick of about 1.1 cm, followed by a layer of graphite of about 7.8 cm thick. However, for practical reasons (related to the cost and to the weight of the material), copper has been used as material for our target, still allowing good performance compared to tungsten. Prior to the design of a proper shape of the conversion target, we have conducted preliminary experiments on several prototype Cu-C conversion targets (a 14 mm Cu target, a 28 mm Cu target; a mixed 28 mm Cu and 64 mm graphite conversion target). It ended that by simulating the interaction between an electron beam of 18 MeV with a copper-graphite conversion target (3.6 cm of copper and 15.7 cm of graphite), a spectrum of average energy weighted by fluence of 5.79 MeV was obtained. In this configuration, the electrons beam incident on the conversion target is of 7.5 cm × 7.5 cm. The geometric shape of the target should be adjusted in order to obtain a uniform beam on a surface of 30 cm × 30 cm at a distance of 1 m from the entry point to the target. The resulting simulated profiles lead to a particular shape of the Cu-C target. In order to obtain a homogeneous ambient dose equivalent distribution (± 2%) on an area of 30 × 30 cm^2, the target is thicker in its central part than at its edges. This is true for both materials constituting the target, and the radial symmetry of the system directed us to superpose conical structures. Several successively adjusted models were simulated in order to set the final design of the target shown in Figure 2.

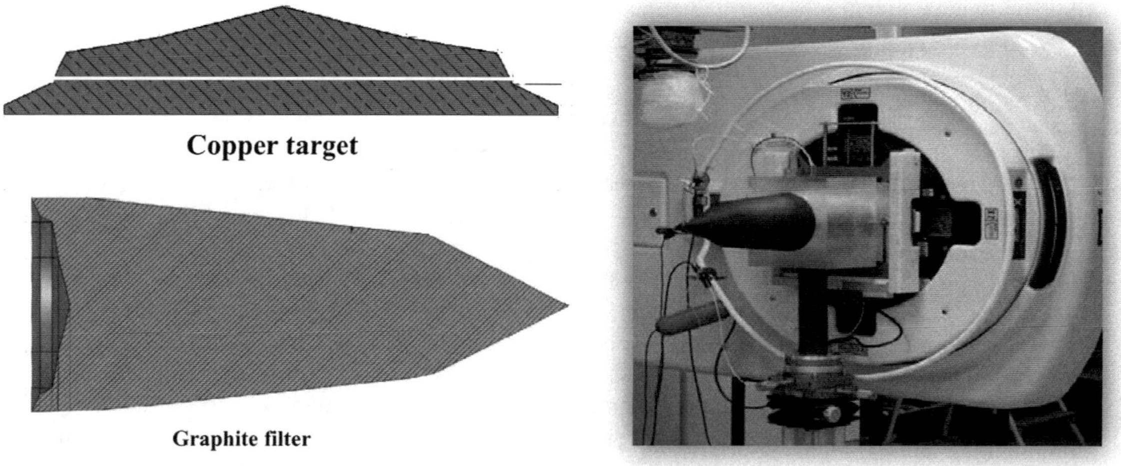

Figure 2. Final design of the conversion target

$\overline{E_\Phi}$

The average energy weighted by fluence $\overline{E_\Psi}$ of the spectrum obtained by simulation with the final design of the target is of 6.17 MeV. The average energy weighted by energy fluence of this spectrum is equal to 9.02 MeV. The two average energies are given by the formulae:

$$\overline{E_\Phi} = \frac{\int E \times \frac{d\Phi}{dE} dE}{\int \frac{d\Phi}{dE} dE} \quad (1) \qquad \overline{E_\Psi} = \frac{\int E \times E \times \frac{d\Phi}{dE} dE}{\int E \times \frac{d\Phi}{dE} dE} \quad (2)$$

With this target, the distribution of air kerma is relatively uniform (± 2% compared to the mean value) along the horizontal and the vertical axis in the range of -15 cm to 15 cm. The radiation protection spectrum in air is presented in the Figure 3 here below (the contribution of low energies yields to ~2% of the total air kerma).

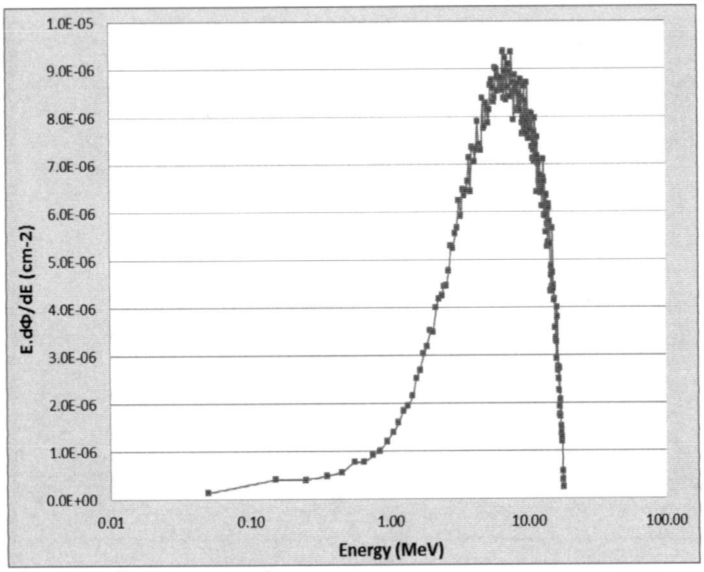

Figure 3. High-energy photon radiation protection spectrum

As an example the horizontal profile calculated over +/-15cm at a distance of 1 m from the target's entry facet, is shown in figure 4. The maximum difference in respect to the average value of the air kerma is of about 3%. The air kerma presents a similar distribution along the vertical axis over the same range. The homogeneity of the simulated beam is therefore sufficient on a 30 cm × 30 cm^2 surface at the measurement distance.

4 Primary standard for the high energy photon beam for radiation protection

The LNE-LNHB has designed and built in 2008 a series of six primary cavity ionization chambers adapted to common radiation protection and radiotherapy beams (^{60}Co, ^{137}Cs). These chambers have been used for the establishment of French primary standards in these beams in terms of air kerma. A primary dosimeter for the high-energy photon beam for radiation protection has been built using the same design [8] as one of the existing primary spherical ionizing chambers (Figure 5). Its external wall and internal electrode are made of graphite, the charge collection volume of this new chamber has been determined in the laboratory. The average absorbed dose in the cavity of an air-filled chamber is given by the following expression.

$$\overline{D}_{air} = \frac{1}{\rho_{air} V} \frac{Q}{e} W \qquad (3)$$

where Q is the electrical charge created in the cavity by the ionization of the gas by the radiation, e is the elementary charge, ρ_{air} is the density of air, V is the cavity's charge collection volume, and W is the average energy needed for the creation of an ion pair in the gas (in our case, the gas is the air, identical to the ambient air, as the chamber has a hole allowing for the circulation of the air in and out of the chamber, thus called "open geometry" chamber).

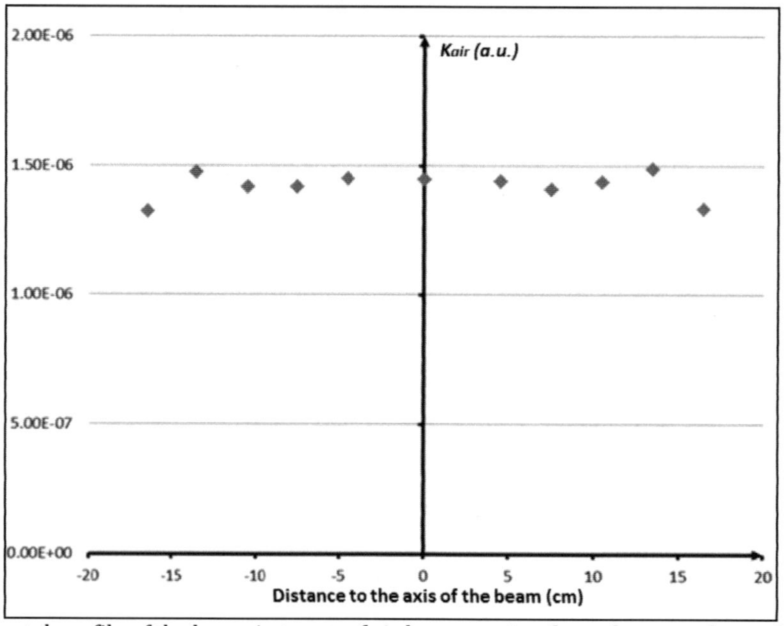

Figure 4. Horizontal profile of the beam in terms of air kerma at 1 m from the entry facet of the target

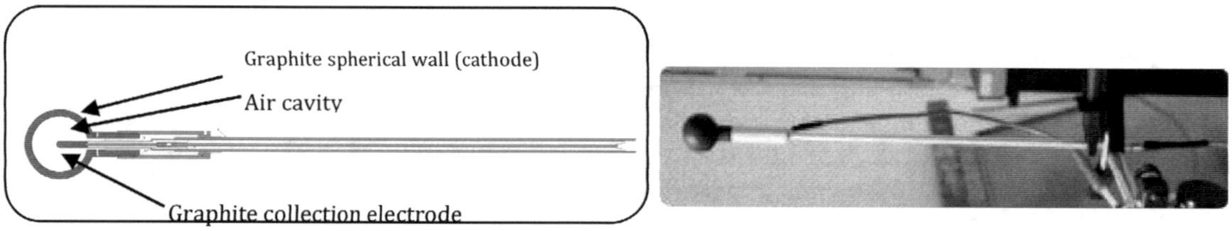

Figure 5. Primary ionization chamber

The functioning of the ionization chamber has been tested by electrical characterization measurements in a reference isotopic beam (^{60}Co). Recombination and polarity correction factors for this chamber are close to unity (1.0016 and, respectively, 1.0006), thus proving a good electrical performance of the chamber.

The characterization of the ionization chamber has been continued in the LINAC beam. The optimal polarization voltage has been measured; its value is of +850 volts. The stability of the signal over time has been tested; it is better than 0.13% and does not have systematic drift. The graphite wall of the chamber is thick enough (3 mm) to ensure electron equilibrium in a ^{60}Co beam, but not in the case of a energy LINAC beam. This problem is resolved by using a thick graphite electron equilibrium cap (27 mm). All subsequent reference measurements have been realized with this cap.

A first evaluation of the air kerma rate in the LINAC beam has been performed with this reference ionization chamber. Measurements of ionization currents have been normalized to the indications of the monitor ionization chamber, expressed in terms of Monitor Units (MU). The air kerma rate is then measured in grays per MU. It is expressed by the following.

$$\dot{K}_{air/UM} = Q^{*}_{ref/MU} \cdot \frac{1}{\rho_{air} V} \cdot \frac{W}{e} \cdot S_{graphite,air} \cdot \mu_{en}/\rho)_{air,graphite} \cdot \frac{1}{A_{graphite}} \cdot \frac{1}{1-\bar{g}} \quad (4)$$

where:

MU is the charge corrected by temperature, pressure and humidity of the LINAC monitor ionizing chamber,
the "*/MU*" index in a quantity indicates that the quantity is divided by the *MU* charge,
Q^{*}_{ref} is the charge Q_{ref} measured by the reference chamber, corrected of the leakage current, of climate conditions (temperature, pressure, humidity), electrical factors (recombination, polarity) and of the non-punctual chamber (diffusion in the chamber's stem, and radial and axial anisotropy of the beam),
$(\mu_{en}/\rho)_{air,graphite}$ is the mass energy absorption coefficients ratio of air and graphite,
$S_{graphite,air}$ is the average collision mass stopping power ratio of graphite and air,
$A_{graphite}$ is the correction factor due to the graphite wall (attenuation and diffusion of photons),
$\bar{g}$ is the fraction of energy going into bremsstrahlung.

The values of the air kerma rate and the associated uncertainty and of intermediate terms are presented in Table 1.

Table 1. Determination of the reference air kerma rate

Quantities	Values	Uncertainty (k=1, %)
$Q^{*}_{réf/MU}$ (C/MU)	1.1015 10^{-1}	0.40
$A_{graphite}$	9.485 10^{-1}	0.21
Volume (m^3)	4.1405 10^{-6}	0.037
ρ_{air} (kg/m^3) (dry air, 20 °C, 1013,25 hPa)	1.2047	0.001
$W/e\ S_{graphite,air}$ (J/C)	32.18	0.93
$(\mu_{en}/\rho)_{air,graphite}$	1.038	1.5
$1/(1-\bar{g})$	1.024	1.4
$\dot{K}_{air}$ (Gy/h)	7.96 10^{5}	2.3

Detailed correction factors (other than climate factors) to be applied to Q_{ref} and their associated uncertainties are presented in Table 2.

The air kerma rate, expressed in grays per unit time was estimated using the average quantity of charge measured by the monitor per minute (~ 4.32×10^{-9} MU/min). The air kerma rate is ~ 200 mGy/h at 1.45 m from the virtual point source. The results are resumed in the Table 3.

Table 2. Correction factors applied to the measured charge, corrected of climate conditions, and associated uncertainties.

Factors	Values	Uncertainty (k=1, %)
Polarity, k_{pol}	1.0006	0.051
Recombination, k_{rec}	1.0016	0.097
Stem, k_{st}	0.9997	0.32
Radial anisotropy, k_{rn}	1.0000	0.14
Axial anisotropy, k_{an}	1.0000	0.025

Table 3. Estimation of the measured air kerma rate per time unit.

Measurement distance	***Current I*** (A)	$\dot{K}_{air}$ (Gy/h)
1.45 m (reference)	-7.925 10^{-12}	2,064 (46) 10^{-1}
3.45 m	-1.398 10^{-12}	3,641 (82) 10^{-2}

The reference values of the air kerma rate in this beam and the conversion coefficients (section 6) allow calculating radiation protection operational quantities.

5 Realization and calibration of a transfer dosimeter for the high energy photon beam for radiation protection

An ionization chamber, identical to the primary ionization chamber described above, has been built. The current measurements for the calibration of this chamber have been performed in the same conditions as those described in the previous chapter, using an electron equilibrium cap (27 mm thickness). The characteristics of the chamber in terms of recombination, polarity and leakage currents were studied giving the same results as those of the chamber used for the primary measurements.

This chamber has been calibrated in the ^{60}Co beam of the LNE-LNHB (Figure 6), using an ionometric chain (electrometer, cables, etc.). The calibration coefficient, $N_{Kair,60Co}$, is 7.66×10^{6} Gy/C, with an uncertainty of 0.64 % (k = 2) (LNHB Calibration Certificate No. 103141, 2014). The measurements performed in the LINAC beam resulted in the following calibration coefficient: $N_{Kair,LINAC}$ = 6.92×10^{6} Gy/C, with an uncertainty of 4.5 % (k = 2) (LNHB Calibration Certificate No. 103142, 2014).

Figure 6. Ionization chamber in the ^{60}Co beam of LNE-LNHB

6 Calculations of conversion coefficients

Conversion coefficients (CC) relate physical quantities and operational quantities. Physical quantities for dosimetry of ionizing radiation are the fluence (Φ), the kerma (K) and the absorbed dose (D). Dose equivalents (ambient $H^*(10)$ or personal $H_p(10)$) are the operational quantities used for strongly penetrating radiation [9,10]. Conversion coefficients (k_Φ) and (h_k) allow obtaining air kerma from fluence and dose equivalent from air kerma, respectively.

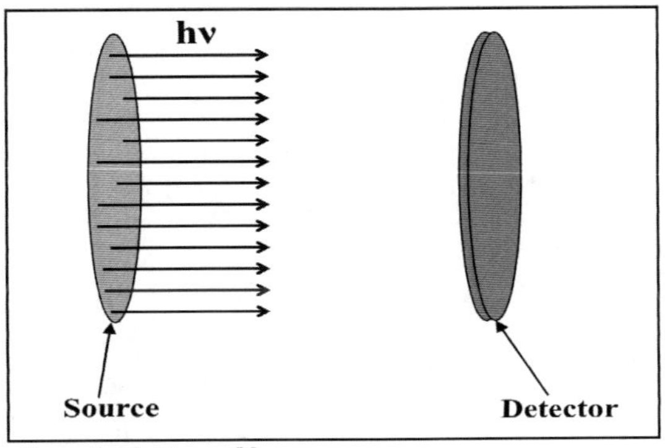

Figure 7. Geometry used for the calculation of k_Φ

$$k_\Phi = \frac{K_{air}}{\Phi} \text{ (pGy·cm}^2\text{)} \quad (5) \qquad h_k = \frac{H/\Phi}{K_{air}/\Phi} \text{ (Sv/Gy)} \quad (6)$$

The values of the mono energetic CC are given in ICRU 57 report (ICRU no. 57 1998) up to 10 MeV for photons. For the purpose of the present work values up to 18 MeV are needed, so we calculated them and made a comparison of our calculations with the values of ICRU 57. The conversion coefficient k_Φ is evaluated in a simplified geometry (Figure 7). The source is homogenously distributed over a thin disc of 15 cm radius. The detector is a disc of dry air (composition defined by ICRU) of 15 cm radius and a thickness of 0.05 cm (Figure 7). The source and the detector are in vacuum.

The conversion coefficients for ambient dose equivalent $h^*_k(10)$ are evaluated in a geometry using the phantom, currently named "ICRU sphere", defined in ICRU Report 39 (ICRU no. 39 1985). This phantom is a sphere of 15 cm radius made of 4-element tissue equivalent material, having a density of 1 g/cm^3 (ICRU no. 47 1992) (Figure 8). The conversion coefficients for personal dose equivalent $h_{k,p}(10)$ are evaluated in a geometry using the phantom, currently named "ICRU slab phantom". This phantom has been defined by ICRU: it is a parallelepiped slab of 30 cm × 30 cm × 15 cm, in the same 4-element tissue equivalent material (ICRU no. 47 1992) (Figure 9).

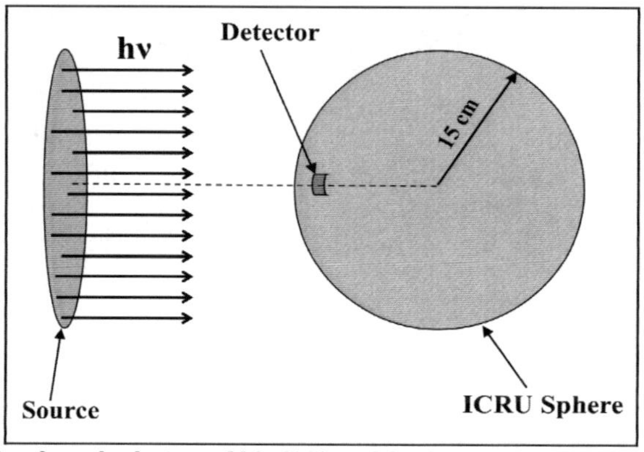

Figure 8. Geometry used for the calculation of $h^*_\Phi(10)$ and $h^*_k(10)$

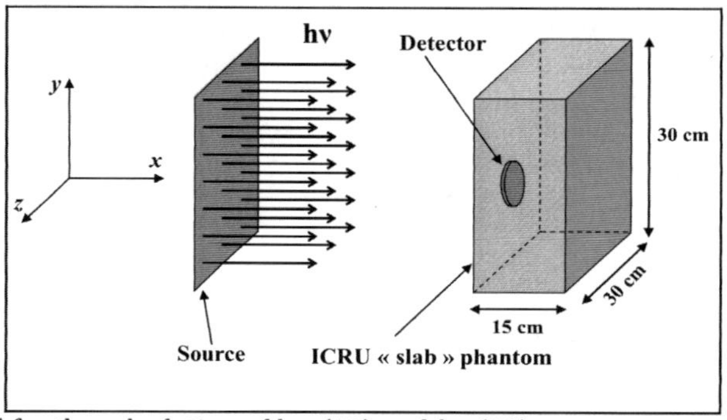

Figure 9. Geometry used for the calculation of $h_{\Phi,p}(10)$ and $h_{k,p}(10)$

The dose equivalent is related to the absorbed dose by a simple formula: $H = Q{\cdot}D$, where Q is the average quality factor. For photons, this average quality factor equals to 1 [11]. Therefore, the absorbed dose to tissue, expressed in Gy, is numerically equal to the dose equivalent, expressed in Sv.

The numerical Monte Carlo simulations have been performed with the MCNP5 (X-team 5, MCNP 2003) [12] and PENELOPE 2008 [13] codes. The geometries described above are simulated with both codes, and the number of particles followed is chosen in order to achieve a sufficiently low uncertainty. The MCNP5 code uses the following cross-section libraries: MCPLIB04 for photons, and EL03 for electrons (LLNL EPDL 1997) [14]. Photoelectric cross-sections used by the PENELOPE 2008 code are those of the EPDL 97 library (LLNL EPDL 1997).

Incident photon energy for the evaluation of mono energetic conversion coefficients ranges from 10 keV to 22 MeV. This energy range is significantly larger (low and high energy) than the energy range used in the ICRU 57 Report (10 keV – 10 MeV) (ICRU no. 57 1998). MCNP5 and PENELOPE 2008 codes use more recent cross-sections libraries than those that have been used in order to obtain the conversion coefficients given in ICRU 57 Report. Moreover, all the results presented in ICRU 57 Report have been calculated in a "kerma approximation", i.e. considering that the secondary electrons created by photons deposit their energy locally. For high-energy photons, in an energy range where electronic equilibrium is fulfilled at 10 mm depth, we have: $K_T \approx D_T$ (K_T is the kerma in tissue and D_T is the absorbed dose in tissue). Therefore, numerically, $H^*(10) \approx K_T$ and $H_p(10) \approx K_T$. In an energy range where electronic equilibrium is not yet established, we have: $D_T < K_T$. Therefore, numerically, $H^*(10) < K_T$ and $H_p(10) < K_T$.

Electronic equilibrium is reached at a depth greater than the practical range of the electrons. In our calculations, the "detector" is situated at a depth of 10 mm, inside the phantom in tissue equivalent material. After the evaluation of the range of electrons in the tissue equivalent material by Monte Carlo simulations in MCNP5, we have concluded that for this depth, the electronic equilibrium is not ensured for energy higher than 2 MeV. This point has been already underlined for $H_p(3)$ quantity for photon energies higher than 1 MeV [15]. Thus, for incident photon energy above 2 MeV, the "kerma approximation" and the absorbed dose calculations are significantly different. By carefully choosing the cut-off energies for electrons and positrons in PENELOPE 2008 (50 keV) and evaluating the appropriate tallies in MCNP5 (i.e. tally F6 for air kerma calculations and tally *F8 for absorbed dose calculations), we have calculated the mono energetic conversion coefficients (from fluence or from air kerma to dose equivalent) in "kerma approximation", and also in terms of the absorbed dose, D_T.

7 Results and Discussions

In the great majority of cases, a good agreement was obtained between MCNP5 and PENELOPE 2008: the difference between values obtained by the two codes is generally smaller than 0.5%. In Tables 4, and 5 the calculated values of several conversion coefficients, in "kerma approximation" and in terms of absorbed dose are presented for mono energetic photons. The values of the coefficients presented in these three tables are mean values of coefficients calculated by MCNP5 and by PENELOPE 2008 calculation.

The conversion coefficients have been compared to the data from the ICRU 57 Report (ICRU no. 57 1998) for photon energy up to 10 MeV. In the range 10 keV – 2 MeV, we have found a good agreement between the coefficients calculated in "kerma approximation" and in absorbed dose, with those presented in the ICRU 57 Report. According to Table 6 for the $h^*_k(10)$ coefficients, for the energies equal to or greater than 3 MeV, only the coefficients obtained in "kerma approximation" are close to the values reported in ICRU 57 (Table A.21., pp 179).

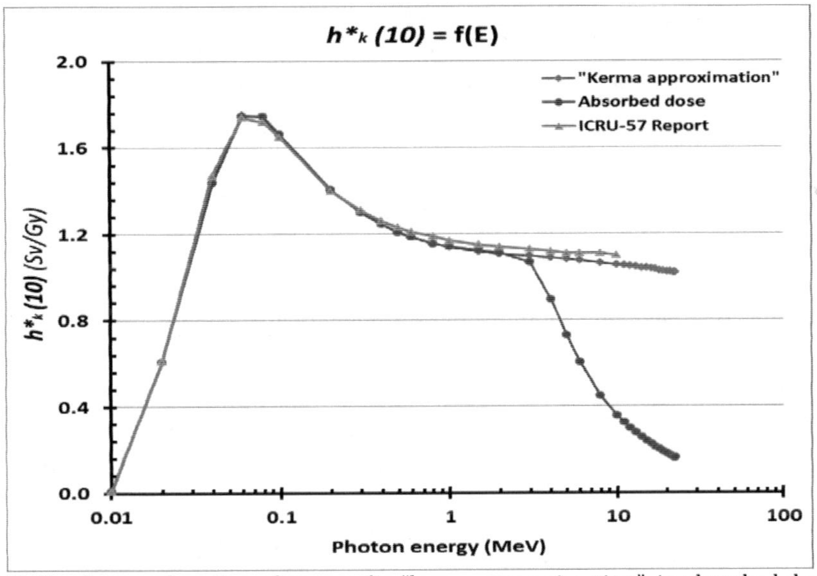

Figure 10. $h^*_k(10)$ values as function of energy (in "kerma approximation", in absorbed dose calculations and according to the ICRU-57 Report)

In the range 3 MeV – 22.4 MeV, the difference between the conversion coefficients $h^*_k(10)$ obtained in "kerma approximation" and in absorbed dose calculations increases sharply with the energy. This is explained by the fact that for the high energies of photons the build-up distances of secondary electrons is considerably higher than 10 mm. The curves in Figure 10 show these differences for the $h^{*}_{K}(10)$ coefficients.

Table 4. Conversion coefficients h^{*}_{K} obtained in absorbed dose calculations, average value of MCNP5 and PENELOPE 2008 calculations

Photon energy (MeV)	Mean $h^{*}_{\Phi}(10)$ coefficients (pSv·cm^2)	Mean $h^{*}_{K}(10)$ coefficients (Sv/Gy)	Mean $h_{\Phi,p}(10)$ coefficients (pSv·cm^2)	Mean $h_{K,p}(10)$ coefficients (Sv/Gy)
0.01	0.064	0.008	0.064	0.008
0.02	1.049	0.607	1.055	0.611
0.04	0.631	1.437	0.660	1.504
0.06	0.512	1.749	0.557	1.901
0.08	0.539	1.747	0.588	1.906
0.1	0.620	1.663	0.676	1.814
0.2	1.204	1.404	1.281	1.495
0.3	1.796	1.300	1.895	1.371
0.4	2.360	1.246	2.470	1.304
0.5	2.874	1.206	3.000	1.259
0.6	3.378	1.186	3.491	1.226
0.8	4.282	1.154	4.408	1.188
1	5.126	1.142	5.249	1.169
1.5	6.922	1.125	7.041	1.144
2	8.418	1.113	8.541	1.129
3	10.647	1.068	10.784	1.082
4	10.851	0.894	10.970	0.904
5	10.320	0.728	10.469	0.739
6	9.773	0.604	9.925	0.613
8	9.051	0.450	9.175	0.456
10	8.646	0.358	8.788	0.364
11	8.518	0.326	8.634	0.330
12	8.429	0.299	8.529	0.303
13	8.384	0.277	8.441	0.279
14	8.284	0.256	8.423	0.261
15	8.223	0.239	8.334	0.242
16	8.171	0.223	8.336	0.228
17	8.145	0.210	8.283	0.214
18	8.206	0.201	8.270	0.202
19	8.154	0.189	8.278	0.192
20	8.134	0.179	8.214	0.181
21	8.118	0.171	8.256	0.174
22	8.151	0.164	8.244	0.165

Table 5. Conversion coefficients h^*_k obtained in "kerma approximation" calculations, average value of MCNP5 and PENELOPE 2008 calculations.

Photon energy (MeV)	Mean $h^*_\Phi(10)$ coefficients (pSv·cm²)	Mean $h^*_k(10)$ coefficients (Sv/Gy)	Mean $h_{\Phi,p}(10)$ coefficients (pSv·cm²)	Mean $h_{k,p}(10)$ coefficients (Sv/Gy)
0.01	0.064	0.008	0.064	0.008
0.02	1.051	0.608	1.054	0.610
0.04	0.630	1.437	0.658	1.501
0.06	0.514	1.753	0.556	1.897
0.08	0.539	1.745	0.589	1.908
0.1	0.620	1.663	0.675	1.812
0.2	1.201	1.402	1.281	1.494
0.3	1.797	1.300	1.892	1.369
0.4	2.358	1.245	2.464	1.301
0.5	2.886	1.211	2.996	1.257
0.6	3.384	1.188	3.495	1.227
0.8	4.296	1.158	4.410	1.188
1	5.114	1.139	5.234	1.166
1.5	6.883	1.118	6.991	1.136
2	8.381	1.108	8.483	1.122
3	10.934	1.097	11.054	1.109

Table 5 continue. Conversion coefficients h^*_k obtained in "kerma approximation" calculations, average value of MCNP5 and PENELOPE 2008 calculations.

4	13.219	1.089	13.304	1.096
5	15.372	1.084	15.424	1.088
6	17.410	1.076	17.484	1.080
8	21.462	1.066	21.565	1.072
10	25.468	1.056	25.556	1.059
11	27.531	1.053	27.610	1.056
12	29.569	1.050	29.629	1.052
13	31.661	1.047	31.666	1.047
14	33.705	1.043	33.743	1.044
15	35.815	1.040	35.803	1.040
16	37.976	1.039	37.910	1.037
17	40.074	1.035	40.077	1.035
18	42.097	1.029	42.259	1.033
19	44.292	1.028	44.389	1.030
20	46.447	1.025	46.616	1.029
21	48.689	1.023	48.843	1.027
22	50.844	1.021	51.098	1.026

In Figure 10 a difference between the $h^*_k(10)$ coefficients calculated in "kerma approximation" and tabulated in the ICRU 57 Report (Table A.21., pp. 179) is visible for energies higher than 300 keV. These disparities arise from slightly different values of the K_{air}/Φ quantity (used to determine the value of the $h^*_k(10)$ coefficients), as can be seen in table 7.

The values of k_Φ in Table A.1 have been obtained using input data from 1982, whilst the values of k_Φ in Table A.21 have been obtained using input data from 1995. The largest difference between these two sets is of ~3.5%. The largest difference between the values of the $h^*_k(10)$ coefficients presented in Table 6 is of ~3,8%. We therefore conclude that this difference may be explained by the difference between the two sets of air kerma..

A similar comparison of coefficients has been performed for another set of conversion coefficients: $h_{k,p}(10)$. In the same manner as for the $h^*_k(10)$ coefficients, in the range 10 keV – 2 MeV, we have found a good agreement between the coefficients calculated in "kerma approximation" and in absorbed dose, with those presented in the ICRU 57 Report. According to Table 8 presented here below for the $h_{k,p}(10)$ coefficients, for the energies equal to or greater than 3 MeV, only the coefficients obtained in "kerma approximation" are close to the values reported in ICRU 57 (Table A.24., pp 182).

As for the $h^*_k(10)$ coefficients, in the range 3 MeV – 22.4 MeV, the difference between the conversion coefficients $h_{k,p}(10)$ obtained in "kerma approximation" and in absorbed dose calculations increases sharply with the energy due to the build-up depth of secondary electrons considerably higher than 10 mm above 3 MeV. The curves in Figure 5 show these differences for the $h_{k,p}(10)$ coefficients.

In Figure 11 a difference between the $h_{k,p}(10)$ coefficients calculated in "kerma approximation" and tabulated in the ICRU – 57 Report (Table A.24., pp. 182) is visible for energies higher than 2 MeV. As for the $h^*_k(10)$ coefficients, it is explained by the difference between the two sets of air kerma values.

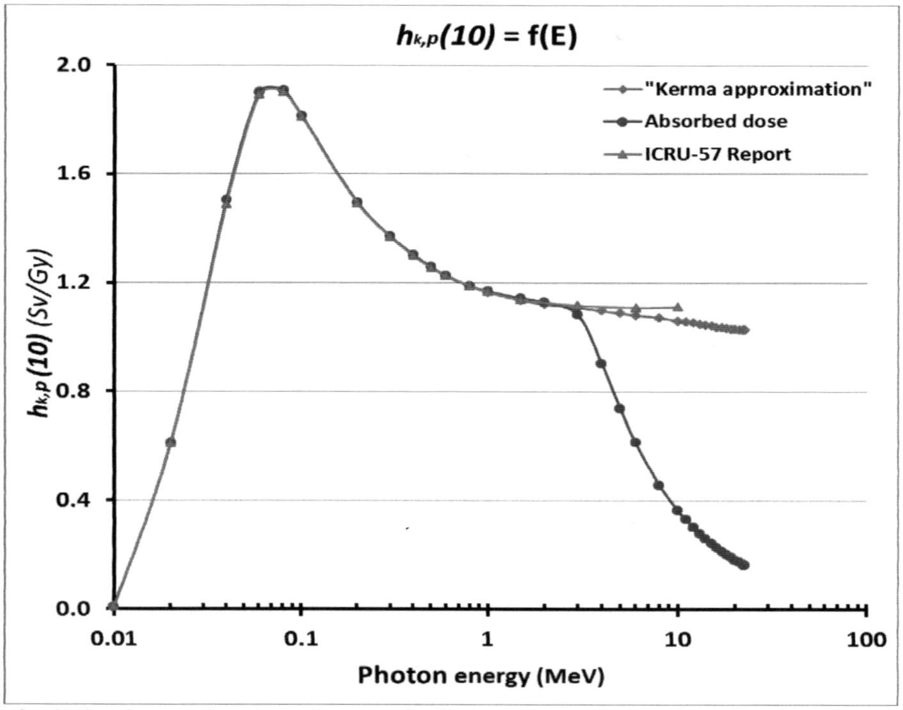

Figure 11. $h_{k,p}(10)$ values as function of energy (in "kerma approximation", in absorbed dose calculations and according to the ICRU-57 Report)

Table 6. Air kerma – ambient dose equivalent conversion coefficients calculated in absorbed dose, in "kerma approximation" and in ICRU-57 Report

Photon energy (MeV)	$h^*_k(10)$ (Sv/Gy) in absorbed dose	$h^*_k(10)$ (Sv/Gy) in "kerma approximation"	$h^*_k(10)$ (Sv/Gy) in ICRU - 57 report, Table A.21. pp 179
0.01	0.008	0.008	0.008
0.02	0.607	0.608	0.61
0.04	1.437	1.437	1.47
0.06	1.749	1.753	1.74
0.08	1.747	1.745	1.72
0.1	1.663	1.663	1.65
0.2	1.404	1.402	1.40
0.3	1.300	1.300	1.31
0.4	1.246	1.245	1.26
0.5	1.206	1.211	1.23
0.6	1.186	1.188	1.21
0.8	1.154	1.158	1.19
1	1.142	1.139	1.17
1.5	1.125	1.118	1.15
2	1.113	1.108	1.14
3	1.068	1.097	1.13
4	0.894	1.089	1.12
5	0.728	1.084	1.11
6	0.604	1.076	1.11
8	0.450	1.066	1.11
10	0.358	1.056	1.10

Table 7. Fluence – air kerma conversion coefficients calculated in "kerma approximation" and in ICRU 57 Report

Energy (MeV)	Mean k_Φ coefficient (pGy·cm^2) this work	k_Φ ICRU-57, Table A.1. pp 159	k_Φ ICRU-57, Table A.21. pp 179
0.01	7.595	7.43	7.60
0.02	1.729	1.68	1.73
0.04	0.439	0.429	0.438
0.06	0.293	0.289	0.292
0.08	0.309	0.307	0.308
0.1	0.373	0.371	0.372
0.2	0.857	0.856	0.856
0.3	1.382	1.38	1.38
0.4	1.894	1.89	1.89
0.5	2.383	2.38	2.38
0.6	2.849	2.84	2.84
0.8	3.710	3.69	3.69
1	4.488	4.47	4.47
1.5	6.154	6.14	6.12
2	7.563	7.55	7.51
3	9.967	9.96	9.89
4	12.137	12.1	12.0
5	14.176	14.4	13.9
6	16.183	16.1	15.8
8	20.126	20.1	19.5
10	24.123	24.0	23.2

Table 8. Air kerma – personal dose equivalent conversion coefficients calculated in absorbed dose, in "kerma approximation" and in ICRU-57 Report

Photon energy (MeV)	$h_{k,p}(10)$ (Sv/Gy) in absorbed dose	$h_{k,p}(10)$ (Sv/Gy) in "kerma approximation"	$h_{k,p}(10)$ (Sv/Gy) in ICRU - 57 report, Table A.24. pp 182
0.01	0.008	0.008	0.009
0.02	0.611	0.610	0.611
0.04	1.504	1.501	1.490
0.06	1.901	1.897	1.892
0.08	1.906	1.908	1.903
0.1	1.814	1.812	1.811
0.2	1.495	1.494	1.492
0.3	1.371	1.369	1.369
0.4	1.304	1.301	1.300
0.5	1.259	1.257	1.256
0.6	1.226	1.227	1.226
0.8	1.188	1.188	1.19
1	1.169	1.166	1.167
1.5	1.144	1.136	1.139
3	1.082	1.109	1.117
6	0.613	1.080	1.109
10	0.364	1.059	1.111

Two new sets of conversion coefficients has been calculated replacing total air kerma by collision air kerma for h^*_k and $h_{k,p}$ (Figures 12 and 13). Looking at these sets of data, the discrepancies with ICRU 57 values do not exist anymore. This leads to the conclusion that the ICRU 57 data set was calculated with the collision air kerma rather than the air kerma, and therefore that the data of table A1 page 59 of ICRU 57 are related to collision air kerma.

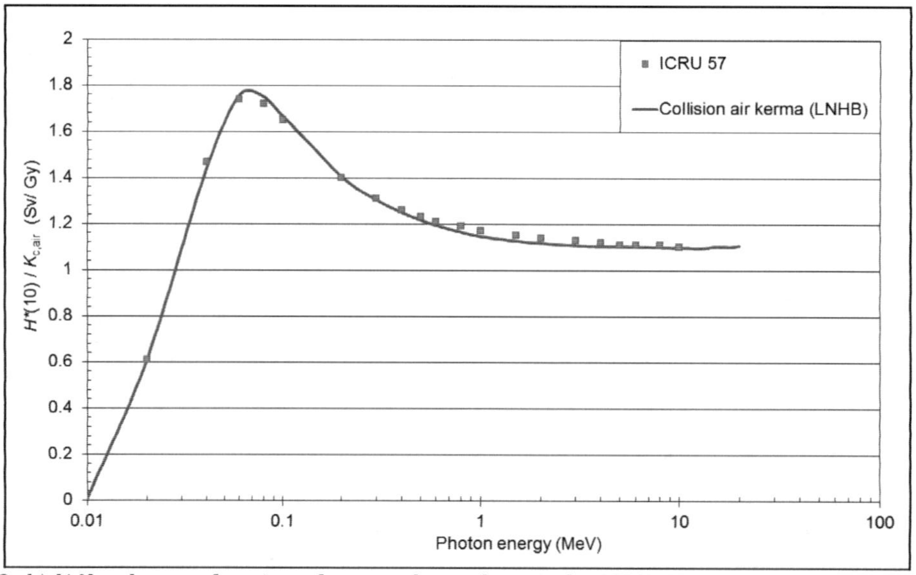

Figure 12. $h^*_k(10)$ values as function of energy (according to the ICRU-57 Report and using collision air kerma in "kerma approximation")

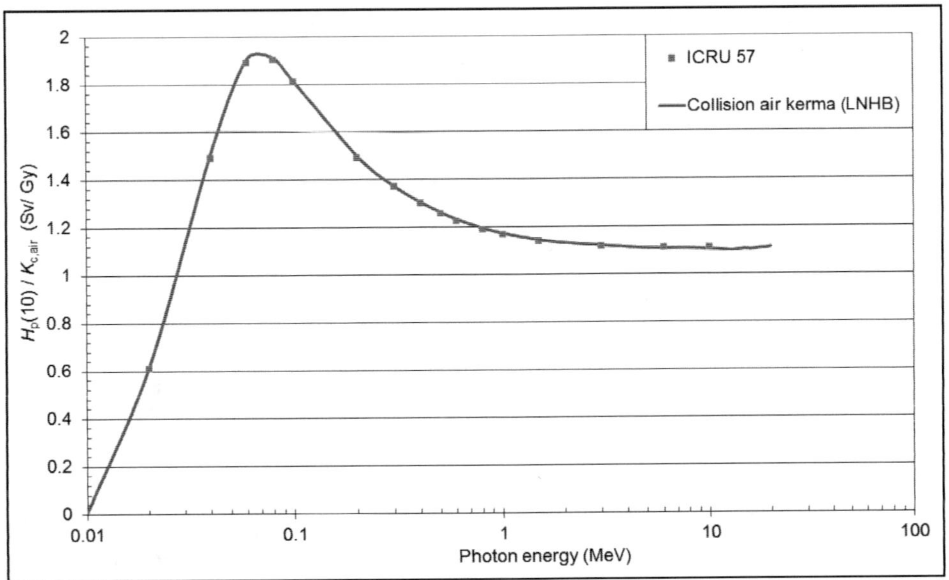

Figure 13. $h_{k,p}(10)$ values as function of energy (according to the ICRU-57 Report and using collision air kerma in "kerma approximation")

The coefficients using collision air kerma are given in Table 9.

Table 9. $h^*_k(10)$ and $h_{k,p}(10)$ values using collision air kerma

Photon energy (MeV)	$h^*_k(10)$ using collision air kerma (Sv/Gy)	$h_{k,p}(10)$ using collision air kerma (Sv/Gy)
0.01	0.008	0.008
0.02	0.610	0.611
0.04	1.442	1.505
0.06	1.759	1.905
0.08	1.749	1.912
0.1	1.665	1.815
0.2	1.405	1.498
0.3	1.304	1.372
0.4	1.249	1.306
0.5	1.216	1.263
0.6	1.194	1.233
0.8	1.165	1.195
1.0	1.146	1.173
1.5	1.126	1.144
2	1.117	1.130
3	1.107	1.120
4	1.105	1.112
5	1.104	1.108
6	1.101	1.106
8	1.099	1.105
10	1.098	1.102
11	1.098	1.101
12	1.096	1.098
13	1.097	1.097
14	1.099	1.100

Table 9 continue. $h^{*}_{k}(10)$ and $h_{k,p}(10)$ values using collision air kerma

15	1.103	1.103
16	1.103	1.101
17	1.103	1.103
18	1.101	1.105
19	1.104	1.107
20	1.107	1.111

Finally, the mean CC's over the whole spectrum produced by the LINAC were calculated using two assumptions: the first taking into account the collision air kerma and air kerma approximation as in ICRU 57, and the second accounting for the full transport of secondary particles (therefore in line with the definition of the dose equivalent, that is to say taking into account the energy really absorbed locally). These mean conversion coefficients from K_{air} to $H^*(10)$ and $H_p(10)$ for the energy spectrum of the LINAC radiation protection beam are given in Table 10.

Table 10. Mean values of conversion coefficients obtained from mono-energetic conversion coefficients for the radiation protection beam

Calculation hypotheses	total tissue kerma and collision air kerma (according to ICRU-57) Figures 12 and 13	absorbed dose in tissue and total air kerma Figures 10 and 11
$h^{*}_{k}(10)$ (Sv/Gy)	1.103	0.535
$h_{k,p}(10)$ (Sv/Gy)	1.108	0.544

These mean coefficients have been compared to mono-energetic conversion coefficients. The values in Table 10 are close to those for a beam of 6 MeV, for which we have: $h^{*}_{k}(10)$ = 1.076 Sv/Gy and $h_{k,p}(10)$ = 1.080 Sv/Gy, confirming our evaluation of the mean equivalent energy of the radiation protection beam. These results validate our choice of the target designed and built for the LINAC, as regards the initial objective, which is to create a radiation protection photon beam with similar characteristics as those of a mono-energetic beam of 6 to 7 MeV.

8 Conclusions

In this work, a reference high-energy photon beam for radiation protection was designed and produced using a LINAC operated in electron mode and tuned to generate 18 MeV electrons. An additional target/filter was added at the output of the LINAC head. This target/filter is made of a combination of copper and graphite materials, in order to harden the spectrum and decrease the dose equivalent rate. The new radiation field has a mean energy in terms of fluence of 6.17 MeV. The kerma rate is homogenous on a 30 cm × 30 cm area at a distance of 1 m from the target. A dedicated primary standard based on cavity ionization chamber has been constructed allowing the absolute measurement of the air kerma in the new high-energy photon beam. The measured air kerma rate lies between 0.2 and 0.036 Gy/h at 1.45 m and 3.45 from the target respectively. The standard uncertainty is equal to 2.3%.

Monte Carlo simulations were used to calculate the conversion coefficients from air kerma to dose equivalents quantities above 10 MeV up to 20 MeV. The results show a good agreement with the ICRU 57 data taking into account the kerma approximation for the calculations and the collision air kerma rather than the total air kerma. This demonstrates that the conversion coefficients published in ICRU 57 were related to collision air kerma. Using these results the conversion coefficients for the whole LINAC spectrum were calculated. Taking into account that the LINAC produced pulsed radiation, this new radiation field can be used to calibrate any passive dosimeters and ionization chambers. Despite the fact that for Geiger-Muller and proportional counters the instantaneous dose rate is too high, leading to a saturation of detectors, calibrations of passive dosimeters in a high-energy photon beam are now available at LNE-LNHB.

References.

1. International Standard ISO 4037-1:1996, ISO 4037-2:1997, ISO 4037-3:1999 „X and gamma reference radiation for calibrating dosemeters and doserate meters and for determining their response as a function of photon energy"
2. Calibration and Measurement Capabilities – Ionizing Radiation. Complete CMCs in Ionizing Radiation for Germany. The BIPM key comparison database, February 2013 http://kcdb.bipm.org/AppendixC/country_list_search_RI.asp?CountSelected=PTB;10;-;6;-&branch=1&quantity=10&source=6&country_sel=DE accessed on April 23, 2014)
3. Calibration and Measurement Capabilities – Ionizing Radiation. Complete CMCs in Ionizing Radiation for Russian Federation. The BIPM key comparison database, July 2004 (http://kcdb.bipm.org/AppendixC/country_list_search_RI.asp?CountSelected=VNIIM;8;-;6;-&branch=1&quantity=8&source=6 accessed on April 23, 2014)
4. F. Delaunay, M. Donois, J. Gouriou, E. Leroy, A. Ostrowsky, „New LNHB primary standard for 60Co air kerma" Metrologia (2010), Vol. 47, pp. 652-658
5. ICRU Report No. 57 „Conversion Coefficients for use in Radiological Protection against External Radiation" (1998)
6. ICRU Report No. 44 „Tissue Substitutes in Radiation Dosimetry and Measurement" (1989)
7. J. Mazurier, Ph. D. Thesis „Adaptation of Monte Carlo code PENELOPE for absorbed dose metrology: characterization of high energy X photon beams and calculation of correction factors of reference dosemeters", 1999
8. D. Dusciac, M. Boudiba, J.-M. Bordy, J. Daures, „Etude pour l'établissement d'une référence de faisceaux photoniques de haute énergie pour la radioprotection", Congrès de la Société Française de Radioprotection (SFRP), Bordeaux, June 2013
9. ICRU Report No. 39 „Determination of Dose Equivalents Resulting from External Radiation Sources" (1985)
10. ICRU Report No. 47 „Measurement of Dose Equivalents from External Photon and Electron Radiations" (1992)
11. J. R. Greening „Fundamentals of Radiation Dosimetry", Second Edition, CRC Press (1985)
12. X-team 5, MCNP — A General Monte Carlo N-Particle Transport Code, Version5, rapport LA-UR-03-1987 (2003)
13. Salvat F., Fernandez-Varea J.-M., Acosta E. et Sempau J., "PENELOPE, A code system for Monte Carlo simulation of electron and photon transport", Proceedings of a Workshop/Training course, OECD/NEA, 5-7 novembre 2001, NEA/NSC/DOC(2001)19, ISBN:92-64-18475-9, http://www.oecdnea.org/tools/abstract/detail/nea-1525/.
14. LLNL Evaluated Photon Data Library (EPDL), UCRL-50400, Vol. 6, Rev. 5 (1997)
15. J. Daures, J. Gouriou, J. M. Bordy, „Monte Carlo determination of the conversion coefficients Hp(3)/Ka in a right cylinder phantom with ‚PENELOPE' code. Comparison with ‚MCNP' simulations" Radiation Protection Dosimetry (2011), Vol. 144, No. 1–4, pp. 37–42

EPJ Web of Conferences **124**, 00005 (2016) DOI: 10.1051/epjconf/201612400005
L.A.R.D. 2015

Enhancement of breathing simulation using individual lobe segmentation

Intuon Lertrusdachakul*, Pierre-Emmanuel Leni and Regine Gschwind

IRMA/CE Laboratory, UMR CNRS 6249, Université Bourgogne Franche-Comté, 4 place Tharradin 25200 MONTBELIARD, France

Abstract. To tackle thorax movement from CT images, we have developed a platform to simulate a customized breathing cycle, where the pulmonary movement has been considered only at the rough border of the whole lung by artificial neural networks (ANN). The goal of this work is to include additional information of the lung lobe. Thus, more ANN will be used and future simulation will be able to take into consideration the impact of tumor on lobe movement. We present a new automatic segmentation algorithm that enables the extraction of lobar contour data using sliding mask and direction estimation. These improvements enhance the overall system performance in which higher precision and more accurate treatments can be expected.

1 Introduction

Radiation therapy aims at targeting tumor and preserving the surrounding healthy tissues. Nowadays, new treatment techniques improve the accuracy of beam targeting, but the problem of organ movements is still an issue. In most cases, especially for tumors located in the lungs, it is difficult to control breathing and lung movement, during the treatment session. Therefore, it is required to take into account the organ movement during therapy planning, which leads to an increasing amount of CT and 4DCT. From a radiation protection point of view, the patients receive an increasing amount of "small" doses from these imaging techniques (*e.g.* a 4DCT is 5 to 6 times more irradiating than 3DCT). One active research perspective concerns the simulation of breathing movement. The IRMA team has previously developed a platform for customized simulation using neural networks [1]. In order to improve the simulation, it is worth performing an accurate identification and consider the analysis of lung structure on a lobe-by-lobe basis. This additional lobe segmentation information will be useful not only for the early detection of pathologies but also for better precision, higher accuracy of treatment, and later to deal with the movement artifacts due to the tumor.

---

* intuon.lert@gmail.com

DOI: 10.1051/epjconf/201612400005

Pulmonary lobe segmentation is a challenging topic that attracts interest in the medical imaging community. Due to the difficulties to control the different CT scanners and acquisition protocols, the obtained images usually vary in resolution, qualities, anatomical reference, etc. The missing of some parts of the organs, the artifacts, and incomplete fissures are among the issues found especially in unhealthy patients. Many automatic and semi-automatic techniques have been published in the literature. Rikxoort et al. [2] and Zhang et al. [3] used method based on an anatomic pulmonary atlas. Kuhnigk et al. [4] and Ukil et al. [5] proposed a semi-automatic watershed transformation based on intensity and distance to vessels and airways. Ross et al. [6] combined the atlas with hessian-based particle sampling and thin plate splines. Lassen et al. [7] and Doel et al. [8] also applied the hessian analysis with the watershed transform. This paper proposes an alternative scheme for lobar segmentation using sliding mask with direction estimation. The goal is to provide relatively fast and closed representation of lung lobes in each breathing phases for the training of ANN.

2 Methods

Neural networks work similarly to biological neurons, in the sense that they need training before being able to interpolate data. To learn the lobe movement, learning sets have to be constituted. They consist of the movement vectors at various breathing phases for the lobe contour points. To build these learning sets, extracting the lobe contours automatically or with minimum interactivity is desirable. In our work, image processing plays an important role and has been utilized for the CT scans. The data flowchart illustrated in figure 1 describes the main operations of the algorithm.

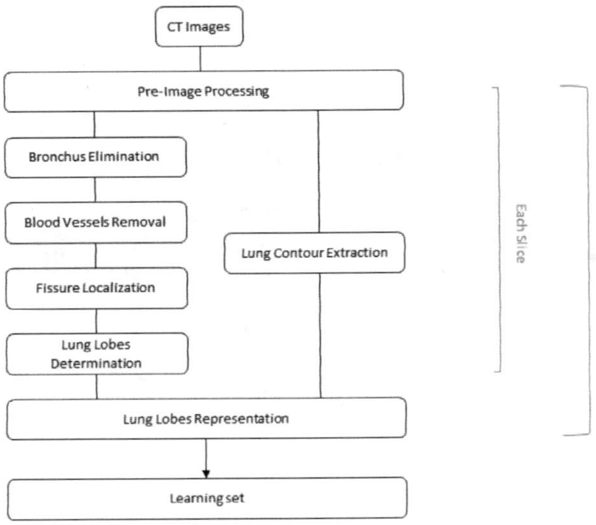

Figure 1. Flowchart of the overall algorithm.

2.1 Lung contour extraction

The raw images obtained from the CT scans generally contain irrelevant components, *e.g.* other organ tissues, backbone, ribs, diaphragm, or some parts of the machine. Since we consider only the lung organ, the preliminary task is therefore to separate out the complete lung and maintain the image details within it (*i.e.* image intensity). Digital Imaging and COmmunications in Medicine (DICOM) images are read all at once for each breathing phase of the patient. The image sequence with approximately highest volume of the lung capacity is then called to define cropping coordinates of the target area. Consequently, morphological operations (i.e. filling holes) and image subtraction are performed to ensure that the details inside the lungs are recovered. In addition, grayscale thresholding and image normalization are applied to provide better contrast and brightness for visualization. The resulting images from these procedures are shown below.

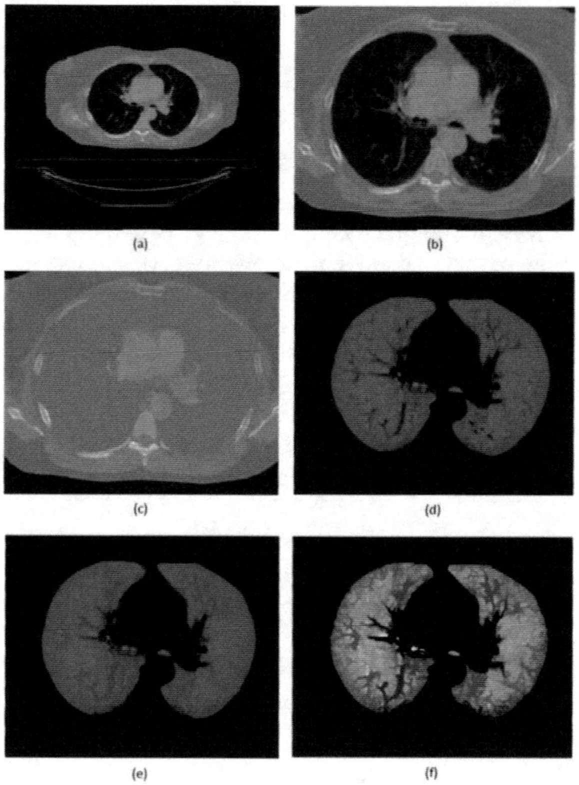

Figure 2. Lung contour extraction: (a) original image, (b) cropped image, (c-e) image after morphological operators, and (f) image after thresholding and normalization.

These global lungs are then divided into 2 sections to ease the later manipulation. We can split the left and the right lungs by a separation line. This line is drawn on the overlapping frame, where the image slices are all plotted (see figure 3) ensuring that the line is properly defined for the whole sequence of the breathing phase.

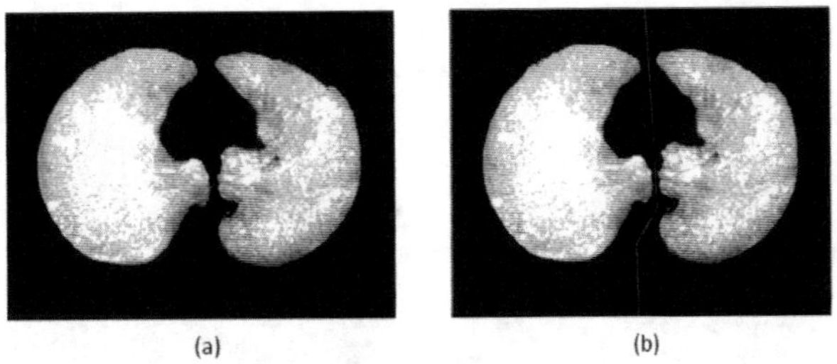

Figure 3. Overlapping frame (a) with the separation line (b).

Lungs are divided into 2 sides with 5 pulmonary lobes. All these lobes are separated by thin tissues called lobar fissures. The left lung consists of an upper and lower lobe separated by oblique fissure, while the right lung consists of an upper, middle, and lower lobe separated by horizontal and oblique fissures. Beside the lung contour, we also have to define the lung fissures, which are the separation of the lung lobes. The key idea of fissure detection is to remove the redundant elements within the lungs: bronchus and blood vessels.

2.2 Bronchus elimination

The bronchus is a passage of airway in the respiratory tract. It connects to the lung directly. Bronchi are found in almost every image slices. In order to eliminate these bronchi branches, the solution is to employ 3D region growing [9-10]. The segmentation process consists in merging all neighborhood voxels that satisfy a homogeneity criterion guided by an initial seed. The seed voxel is specified interactively with a mouse, pinned over the intensity threshold selection of the bronchus area. In our work, it is located on the image frame where the bronchus first appeared. The algorithm provides rough bronchus segmentation for all the lung slices. Here are examples of results.

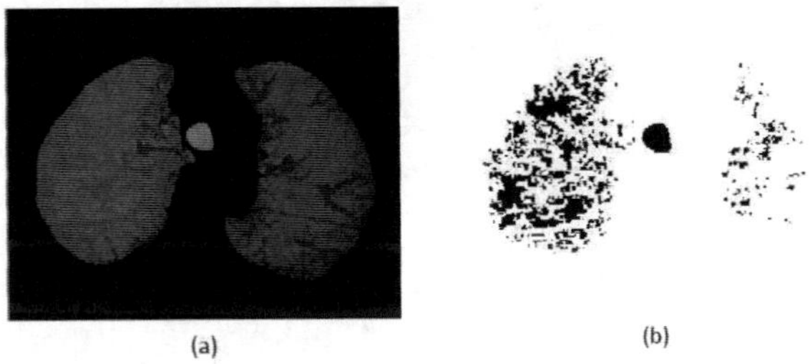

Figure 4. Enhanced image (a) and airway segmentation (b).

2.3 Blood vessel removal

The blood vessels are another main component used to carry the blood between heart and pulmonary system. The pulmonary arteries transport deoxygenated blood from the heart to the lungs, while the pulmonary veins supply oxygenated blood from lungs back to the heart. The purpose of this step is to suppress the vessels in the image, so that the fissure can be better identified. Moreover, these blood vessels are not only found in the entire lungs but also have different intensity variations, making it tedious to perform region growing as in the case of bronchus. We apply dilation operation to expand the blood vessels in each frames. The result in figure 5 shows the lung with the black patches covering the vessels area. At this step, the fissures can be distinguished easily (see figure 6).

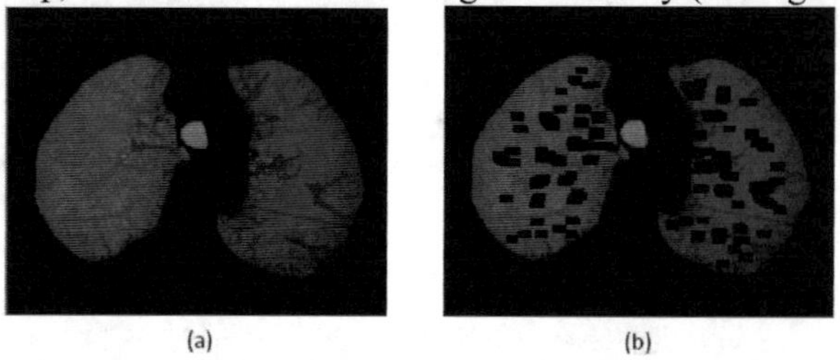

Figure 5. Enhanced image (a) with blood vessel patches (b).

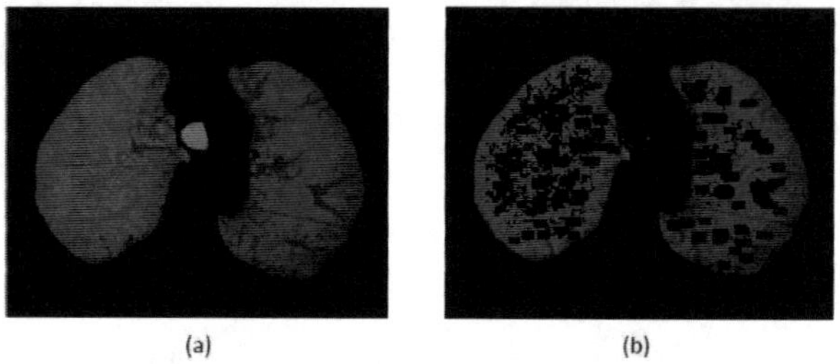

Figure 6. Enhanced image (a), and combined bronchus and vessels removal (b).

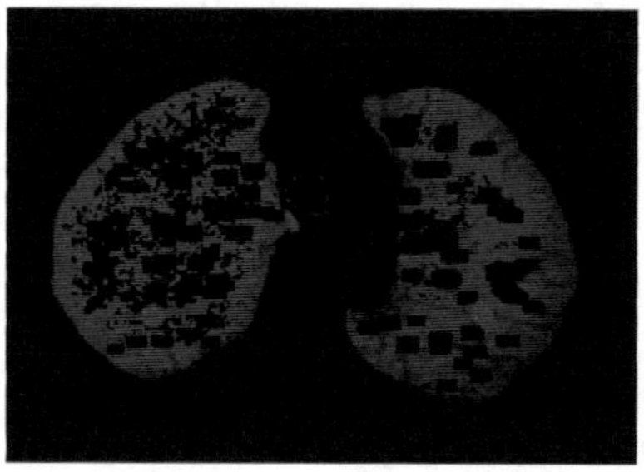

Figure 7. Example of 2 initial points of fissure.

2.4 Fissure localization

The fissures are localized by two interactive points on both sides of the lungs. These 2 initial points marked in red (see figure 7) are then expanded using sliding mask. The mask is defined based on the trend of fissure orientation and displacement, which allows us to predict the next starting points of the following frames from the knowledge of the preceding frames. The example of sliding mask is shown in figure 8. For each frame, the itinerary begins at the starting point and prolongs forward and backward by direction estimation as illustrated in figure 9, until reaching the limits at the edge of the lung. Therefore, there are 4 border lines to be considered: left-end of left lung, right-end of left lung, left-end of right lung, and right-end of right lung.

Figure 10 shows the result from fissure and lung contours extraction. The contour of the right lung is drawn in blue, the green and magenta lines indicate the forward and backward fissures. Similarly, the edge of the left lung is plotted in magenta, and partial fissures connecting in yellow and blue.

 DOI: 10.1051/epjconf/201612400005

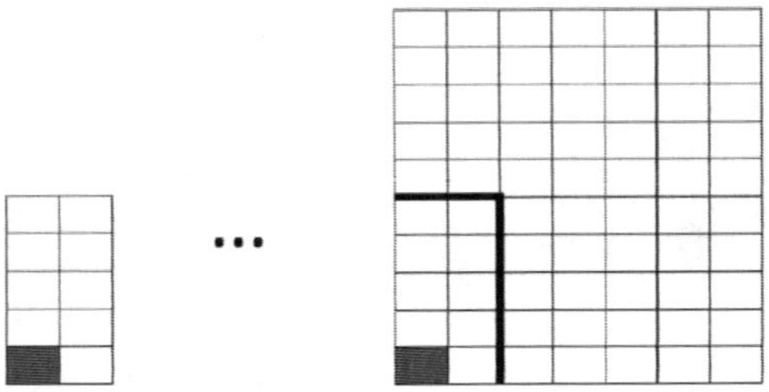

Figure 8. Red box indicates the considered pixel, black thick line indicates the area of sliding mask for searching the next fissure point. If no candidate point is detected, the search area is extended.

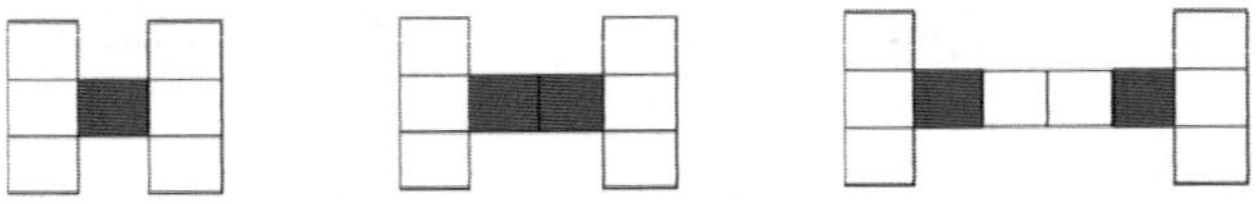

Figure 9. Direction estimation scheme. Red box indicates the considered pixel. Left and right neighbor fissure points are recursively searched within the mask.

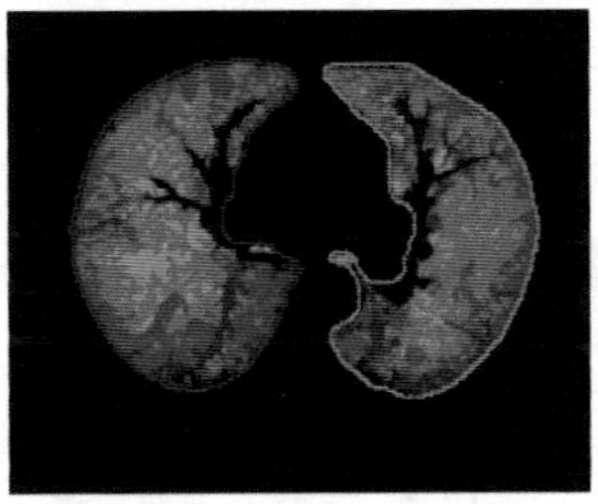

Figure 10. Lung contour and lobar fissures.

2.5 Lung lobes determination

We combine fissures and lung contour information to obtain all data points of the lung lobes. However, these individual lung lobe contours are not directly usable. To be precise, their alignment is not in an order that satisfies the interpolation necessity. Therefore, it is required to apply edge detection before partitioning the lung into several lobes. We then use the rolling matrix method with priority indexes in clockwise and anti-clockwise direction. The priority index represents the searching order of neighborhood pixels. Examples of 3x3 matrix with priority indexes are represented in figure 11. Eventually, we obtain a smooth contour and well-ordered points as shown in figure 12.

Figure 11. Priority matrix.

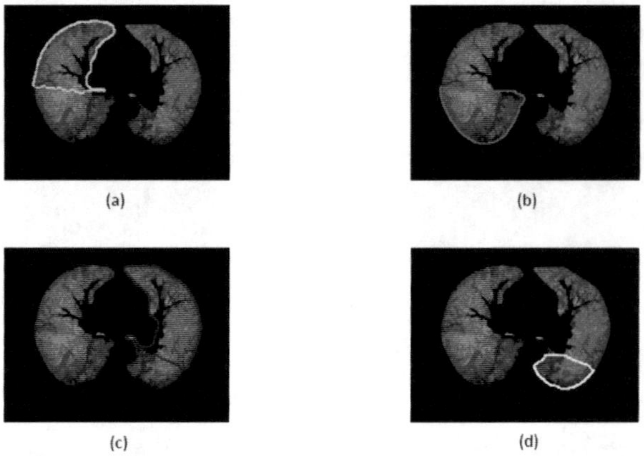

Figure 12. Extraction of pulmonary lobes: (a) upper right lobe in green, (b) lower right lobe in red, (c) upper left lobe in blue, and (d) lower left lobe in yellow.

2.6 Lung lobes representation

Since, the algorithm provides excessive amounts of data points for network training, interpolation is required to determine the global representation for lobe contour of certain breathing phases. In our work, we use spline interpolation in 2 different manners: to interpolate the points within the image frames, and among the image frames (both row-wise and column-wise).

The results provide the illustration of lung fissure display. The computation yields significant improvement providing precise lobe of the lung contour. Currently, we can localize the oblique fissures on both left and right lungs. Therefore, four lobes (out of 5) are automatically detected using the extracted fissures. By the fact that the missing lobe does not move significantly during the breathing simulation, the current work suspends it for simplicity. The simulation has been verified on several CT image sequences from various patients. Examples of 3D lobe representation and point representation are shown in figure 13 and figure 14, respectively.

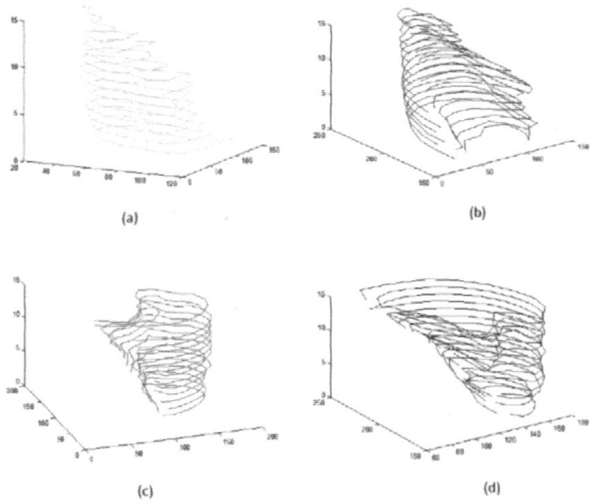

Figure 13. Lung lobe representation: (a) Upper right lobe in green, (b) lower right lobe in red, (c) upper left lobe in blue, and (d) lower left lobe in black.

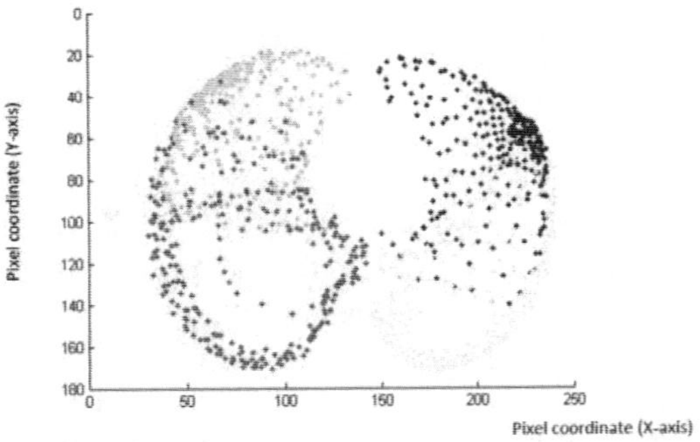

Figure 14. Lung lobe representation: upper right lobe in green, lower right lobe in red, upper left lobe in blue, and lower left lobe in yellow.

The computational time of this algorithm is approximately 2 minutes (excluding the pre-image processing and interpolation step). Amount of points representing lobes is 20 per frame and number of final points corresponding to the lobes for one phase is 15. These results after spline interpolation will be used in the learning algorithm. The database is accumulated from 8 to 10 breathing phases for 10 patients.

3 Conclusion

We have introduced a new approach for individual lung lobes segmentation. This work is mainly of interest to both radiation therapy and radiation protection. The customized simulation of lung movement can be performed independently on each lung lobe. The clue combination of fissures and primary lung contour provides adequate numbers of points, as input data to build the learning sets for ANN training. ANN will allow us to simulate lobe movements with and without tumor. Therefore, the breathing movement can also be simulated for sick patients.

In the next stage, we would like to enhance the performance of the software in both image processing and learning network aspects. The robustness of the current algorithm can be improved to suit the variation of the CT input images regardless the scanners and the patients. These will also solve human intervention issue. Last but not least, we would like to extend this work to other organs in order to simulate a customized breathing movement for the whole thorax.

ACKNOWLEDGEMENTS

This work is supported by the financial help of Pays Montbéliard Agglomération and Ligue contre le cancer de Franche Comté.

REFERENCES

1. R. Laurent, et al., "Respiratory lung motion using an artificial neural network." Neural Computing and Applications **21**.5, 929-934 (2012).
2. Eva M. Van Rikxoort, et al., "Automatic segmentation of pulmonary lobes robust against incomplete fissures." Medical Imaging, IEEE Transactions on **29**.6, 1286-1296 (2010).
3. Li Zhang, E. Hoffman and J.M. Reinhardt, "Atlas-driven lung lobe segmentation in volumetric X-ray CT images." Medical Imaging, IEEE Transactions on **25**.1, 1-16 (2006).

4. Jan-Martin Kuhnigk, et al., "Informatics in radiology (infoRAD): new tools for computer assistance in thoracic CT. Part 1. Functional analysis of lungs, lung lobes, and bronchopulmonary segments." Radiographics: a review publication of the Radiological Society of North America, Inc **25**.2, 525-536 (2004).
5. Soumik Ukil, and Joseph M. Reinhardt, "Anatomy-guided lung lobe segmentation in X-ray CT images." Medical Imaging, IEEE Transactions on **28**.2, 202-214 (2009).
6. James C. Ross, et al., "Automatic lung lobe segmentation using particles, thin plate splines, and maximum a posteriori estimation." Medical Image Computing and Computer-Assisted Intervention–MICCAI 2010. Springer Berlin Heidelberg, 163-171 (2010).
7. Bianca Lassen, et al., "Automatic segmentation of lung lobes in CT images based on fissures, vessels, and bronchi." Biomedical Imaging: From Nano to Macro, 2010 IEEE International Symposium on. IEEE, (2010).
8. Tom Doel, et al., "Pulmonary lobe segmentation from CT images using fissureness, airways, vessels and multilevel B-splines." Biomedical Imaging (ISBI), 2012 9th IEEE International Symposium on. IEEE, (2012).
9. Alain Tremeau, and Nathalie Borel, "A region growing and merging algorithm to color segmentation." Pattern recognition **30**.7, 1191-1203 (1997).
10. S.A. Hojjatoleslami, and Josef Kittler, "Region growing: a new approach." IEEE Transactions on Image processing **7**.7, 1079-1084 (1998).

EPJ Web of Conferences **124**, 00006 (2016) DOI: 10.1051/epjconf/201612400006
L.A.R.D. 2015

Background study of absorbed dose in biological experiments at the Modane Underground Laboratory

Nathanael Lampe[1,a], Pierre Marin[1], Jean Castor[1], Guillaume Warot[2], S. Incerti[3,4], Lydia Maigne[1,5], David Sarramia[1,5] and Vincent Breton[1,5]

[1]*Université Clermont Auvergne, Université Blaise Pascal, CNRS/IN2P3, Laboratoire de Physique Corpusculaire, BP 10448, F-63000 CLERMONT-FERRAND, France*
[2]*Laboratoire Souterrain de Modane, 1125 Route de Bardonèche, 73500 MODANE, France*
[3]*CENBG, UMR 5797, Université Bordeaux, F-33170 Gradignan, France*
[4]*CNRS, IN2P3, UMR 5797, CENBG, F-33170, France*
[5]*CNRS, IN2P3, UMR 6533, LPC, F-63178, France*

Abstract. Aiming to explore how biological systems respond to ultra-low background environments, we report here our background studies for biological experiments in the Modane Underground Laboratory. We find that the minimum radioactive background for biology experiments is limited by the potassium content of the biological sample itself, coming from its nutritive medium, which we find in our experimental set-up to be 26 nGy hr^{-1}. Compared to our reference radiation environment in Clermont-Ferrand, biological experiments can be conducted in the Modane laboratory with a radiation background 8.2 times lower than the reference above-ground level. As the radiation background may be further reduced by using different nutritive media, we also provide measurements of the potassium concentration by gamma spectroscopy of yeast extract (63.3 ± 1.2 mg g^{-1}) and tryptone (2.5 ± 0.2 mg g^{-1}) in order to guide media selection in future experiments.

Afin d'examiner la manière avec laquelle les systèmes biologiques répondent aux environnements caractérisés par un bas niveau de radioactivité, nous avons mesuré le bruit de fond des expériences de biologie menées au Laboratoire Souterrain de Modane. Nous montrons que le bruit de fond est limité par le contenu en potassium au travers des échantillons biologiques eux-mêmes, dans leurs milieux nutritifs. Dans le cadre des expériences examinées ici, le bruit de fond de potassium contribue à hauteur de 26 nGy hr^{-1}. Par rapport à notre environnement de référence à Clermont-Ferrand, des expériences biologiques peuvent être conduites dans le laboratoire souterrain avec une réduction du bruit de fond de 8.2 fois le niveau de la surface. Du fait que le milieu nutritif apporte le plus grand impact au bruit de fond radiatif, nous recommandons la mesure par spectrométrie gamma de la concentration de potassium dans l'extrait de levure (63.3 ± 1.2 mg g^{-1}) et le tryptone (2.5 ± 0.2 mg g^{-1}) afin de guider la sélection du milieu des futures expériences.

1 Introduction

Underground laboratories provide a novel environment in which to conduct biological experiments, by offering a setting where the cosmic radiation flux is vastly reduced. Growing organisms inside this environment allows the contribution of the normal sea-level background dose received by cells to be suppressed, providing a means of exploring the impact of the natural radiative background on biological

[a] corresponding author: lampe@clermont.in2p3.fr

systems. Surprisingly, experiments led thus far in underground labs show that a reduction in background radiation has a stressful impact on cells, reducing the growth rate of bacteria when cells were grown in the Waste Isolation Pilot Plant in New Mexico [1], and reducing the ability of yeast cells grown in the Gran Sasso underground laboratory to withstand exposure to DNA damaging chemicals [2]. Both these works gave cells only a short time period to adapt to the underground environment (~1 week), and both indicate that the standard radiation background contributes to the maintenance or induction of mechanisms that either protect against cell damage from reactive oxygen species or repair damaged DNA. Low background experiments in Gran Sasso have been extended to study the impact of radiation on V79 Chinese hamster cells [3,4], and human lymphoblastoid TK6 cells [5]. Across the vast range of organisms considered, these experiments in underground laboratories all support the hypothesis that background radiation acts as a conditioning agent for the cellular response to DNA damage.

These works in underground laboratories align with a changing opinion in the literature that favours the idea that the biological response to radiation at low doses departs from a linear model [6], with authors suggesting that slightly increased levels of radiation may even be beneficial, according to the theory of radiation hormesis [7]. Conversely, current data does not provide a biological mechanism by which a low dose radiation threshold or hormesis effect could arise, nor evidence of a strong low dose threshold or strong radiation hormesis effect [8]. Regardless, as biology continues to explore this low radiation domain, accurate dose measurements become increasingly important as they, combined with measurements of DNA damage shed light on the exact nature of the low end of the dose-damage relationship.

The background radiation in underground laboratories comes from airborne radon and the decay of radioelements in the rock and concrete walls of the laboratory. A small amount of cosmic muons further penetrates the laboratory, and a thermal neutron flux is measurable coming from spontaneous fission of radioelements and (α, n) reactions in the surrounding rock [9]. The LSM (Laboratoire Souterrain de Modane/Modane Underground Laboratory) underground laboratory is situated on the French-Italian border along the Fréjus road tunnel, almost directly underneath the peak of the Fréjus Mountain. Here it is afforded a protection from cosmic radiation equivalent to 4,800 m of water [10].

The radiation background in the LSM is well documented. The radon level is maintained between 5 Bq m^{-3} and 15 Bq m^{-3} [10]. Beyond the radon background, a gamma background is created from the decay chains of ^{40}K, ^{232}Th and ^{238}U within the laboratory concrete and walls [11]. Measurements from [16] Malczewski et al. (2012), show the gamma ray flux in the LSM within the energy range 7.4-2734.2 keV to vary within $0.301 - 0.622\ \gamma$ cm^{-2} s^{-1} as one moves closer to the walls. Low numbers of cosmic muons penetrate into underground laboratories, with a vertical flux of $\phi_\mu = 5.4 \pm 0.2\ \mathrm{m}^{-2}\ \mathrm{day}^{-1}$ [12], where they pose a problem for dark matter search experiments by creating secondary neutrons [13,14]. Thermal neutrons are also present in the LSM from spontaneous fission and (α, n) reactions, yielding $\phi_n = 1.9 \times 10^{-6}\ \mathrm{cm}^{-2}\ \mathrm{s}^{-1}$ [15].

Biological experiments in underground labs also bring with them a level of radiation, in the form of ^{40}K and ^{14}C. Whilst this quantity varies between experiments, it along with the contributions to the radiative background from Radon and the telluric background, typically dominate the radiation dose received within a biological experiment.

In this paper, we present a summary of the biological set-up we will use within our experiments at Modane, followed by a summary of the methods we used to measure the absorbed dose within our experiment. We include in parallel measurements made at the LPC (Laboratoire de Physique Corpusculaire) in Clermont-Ferrand, to provide a measure of the dose reduction that it is possible to achieve in moving a biological experiment underground. Next we provide a summary of the dose measurements, coming from both direct measurements and simulation. The implications of these measurements are then discussed whilst we look at future perspectives for assessing DNA damage and methods of improving dose measurements.

2 Methods

To provide a background to our method, it is important first to note some of the experimental conditions that these measurements are designed to support. Chiefly, the growth of the bacterium *Escherichia coli* B strain (REL606 and REL607) within a Davis minimal broth solution [16], within the low background environment provided by the LSM, both inside and outside lead shielding. Glucose is added to the solution with a concentration of 250 mg L^{-1}. Similar experiments are also being conducted at the LPC, in order to provide a comparison point between normal and reduced background radiation levels. Accordingly, it has been important for us to measure the radiative background in the LSM and the LPC, as well as ascertain the contribution to the radiation dose in both these locations from the Davis minimal broth solution, which is rich in potassium and carbon.

Dose measurements made in the LSM were all taken within the recently added biology room with the detector in the centre of the room, or in cases noted as being "shielded" measurements, within a lead shield consisting of an interior layer of 5 cm of copper, surrounded by 10 cm of lead. Dose measurements of the background at the LPC were made in the microbiology laboratory attached to the LPC.

Measurements of the gamma spectra in each location were made using the NaI (Tl) detector of a handheld IdentiFinder Ultra-NGH. The detector chamber in the device is 36.0 mm in diameter and 50.8 mm long. Integration times varied for each observation varied from 7.46×10^4 s at the LPC to 2.61×10^3 s and 7.87×10^4 s in the unshielded and shielded LSM environments respectively. The measurements were made in Modane on March 18 and 19, 2015 and in Clermont-Ferrand from March 19-20.

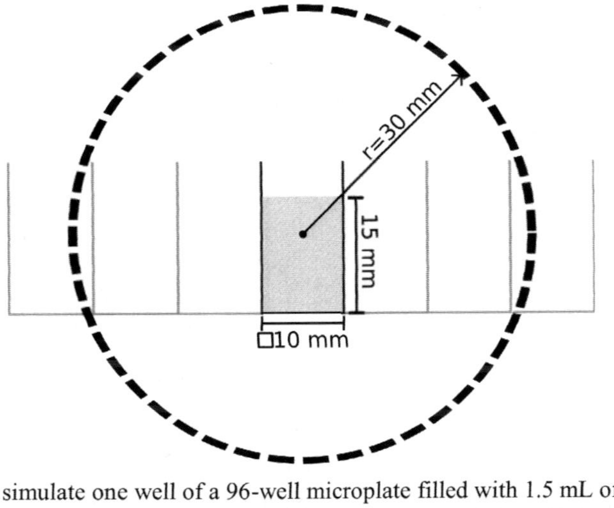

Figure 1. In Geant4, we simulate one well of a 96-well microplate filled with 1.5 mL of water as a detector. An isotropic background is simulated as a sphere of radius 30 mm around the well that emits particles following a cosine distribution. We also simulate the self-irradiation of the liquid by ^{40}K and ^{14}C. In this case, the source is the shaded detector region.

The gamma dose was measured using the dosimeter built into the IdentiFinder probe in each location. All dose measurements made were corroborated by secondary measurements from a Canberra Radiagem 2000 Personal Dose Rate and Survey Meter with a Very Low Dose Rate Probe attached. The ambient equivalent doses measured by these devices were converted to absorbed doses using the radiation weighting factor for gamma rays of 1.

These doses were confirmed in simulation using the gamma spectra measured by Carlton [17], in order to validate the accuracy of these spectra as a simulation input. Using the Geant4 (version 10.01.patch01) simulation toolkit [18] we modelled our experimental geometry as a 96-well micro-plate with 25 wells filled with 1.5 mL of pure water, following the layout used in our experiment, which seeks to maximize the spacing between the 25 filled wells. Choosing one well towards the center, we measured the energy absorbed within this well when it was surrounded by an isotropic gamma source, emitting with the flux defined in

Table 1. Both the hall and wall sources were tested. The isotropic source was defined as a sphere of radius 3 cm around the centre of the well (Figure 1). Using each spectra, we simulated 10^7 gamma rays, corresponding to 0.524 days for the spectrum at the wall and 1.08 days for the spectrum in the great hall. Physics was simulated using the "Livermore" physics constructor. The simulations were repeated using the default "StandardPhysics" constructor to ensure that results were consistent across different physics models. A secondary production cut of 1 μm was used in both cases.

Table 1. Gamma fluxes in γ cm^{-2} s^{-1} measured by Malczewski [16] within the LSM, with the detector in near the centre of the main hall and flush against a wall.

Location	7.4-249.8 keV	250.2-500.4 keV	500.8-1005.2 keV	1005.6-1555.8 keV	1556.2-2055.8 keV	2056.2-2734.2 keV
Hall	0.185	5.36 10^{-2}	3.74 10^{-2}	1.87 10^{-2}	4.10 10^{-3}	2.40 10^{-3}
Wall	0.389	0.109	7.47 10^{-2}	3.51 10^{-2}	8.89 10^{-3}	5.01 10^{-3}

The Davis minimal broth solution that provides nutrition for the bacteria in the experiment has an irradiative affect on the bacteria. We used simulation to measure the dose received from this source, based on the activity of the Davis medium solution found from its chemical composition. The DM250 solution we use (Davis medium without dextrose, sourced from Sigma-Aldrich product 15758 with 250 mg L^{-1} glucose added) carries a radioactivity from its potassium concentration of 115 Bq L^{-1}. This activity was confirmed using a Germanium gamma spectrometer at the LPC Clermont-Ferrand. ^{14}C within the DM250, in it's standard abundance carries a minor contribution to the activity of 5.17×10^{-2} Bq L^{-1}. To simulate these sources, we kept the same simulation geometry as in Figure 1 except the water-filled well served as the particle source, for both beta electrons (in the cases of ^{40}K and ^{14}C) and for gamma rays (^{40}K only). For ^{40}K, 10^7 particles were simulated across two simulations. The first simulation measured the received dose from internal gamma emission, and the second from internal beta emission (we used the beta spectrum measured by Cameron & Singh [19]. The 10^7 primary particles simulated corresponded to simulation time periods of 6.16×10^3 days and 7.33×10^2 days respectively. For ^{14}C, 10^7 electrons were simulated matching the element's beta spectrum (from Tilley [20]), corresponding to 1.49×10^7 days of experiment. Physics processes were modelled using the same methods as for the gamma background.

As part of providing a dose comparison between the LPC and LSM, it is necessary to estimate the radiation dose due to cosmic rays above ground at the LPC. The absorbed dose from charged cosmic rays and photons is reasonably uniform across most latitudes, and a good estimate is provided by the standard annual effective dose, which for these particles is identical to the absorbed dose [21]. Following Bouville & Lowder [22], this value needs to be increased by 6% to account for the 400 m altitude of the LPC. The absorbed dose from neutrons is more difficult to calculate, and while standard effective dose numbers at sea level are available, the relationship between absorbed and effective neutron dose is a function of neutron energy. In order to estimate the absorbed dose in an experimental well above ground, we simulated the energy absorbed by a well in our experiment again using Geant4, keeping the same well geometry as in Figure 1 but with a modified source geometry. The modified source was a circular surface 150 mm in radius, 30 mm above the base of the well, centred directly above the well considered. Particles were generated along the down-facing side of this surface with their direction specified by an isotropic angular distribution. This is equivalent to simulating neutrons arriving at the well from an angle of 11.3° above the horizon up to the zenith. The particles arrive at the well with an angular distribution of $\cos^2\theta$ where θ is the angle from the zenith. 10^7 particles were simulated, corresponding to 4.37 days of real time. The algebraic approximation of the neutron spectrum in New York [23] was used between 100 keV and 500 MeV in the simulation, giving a neutron flux of $\phi_n = 5.96 \times 10^{-3}$ cm^{-2} s^{-1}, and physics were modelled using the QGSP_BIC_HP physics list and a 1 mm secondary production cut.

Finally, in order to be able to compare the Davis Medium's activity to other commonly used biological media, we measured by gamma spectrometry the potassium concentrations of two common ingredients in biological experiments, yeast extract and tryptone. These are derived from biological processes rather than a mixture of chemicals. Yeast extract (Sigma-Aldrich 70161) is a nutrient reach medium containing autolysed yeast cells. We measured a 2.65 g sample of yeast extract for 190,450 s. Tryptone (Sigma-Aldrich T9410) is a peptide mixture made from the digestion of casein by the tryptase enzyme. 2.77 g of tryptone was measured for 239,602 s. In both measurements the potassium concentration was found from the size of the 1.46 MeV gamma ray peak in the spectrum, and was corrected for the detector background, geometry and efficiency.

3 Results.

We present first our gamma spectrum measurements made using the NaI (Tl) detector (Figure 2). The absolute count rate at the LPC was significantly higher than the count rate in the LSM, at 10.57 γ s^{-1} compared to 3.16 γ s^{-1} and 0.092 γ s^{-1} in the LSM biology room and lead shielding respectively. A steep drop is observed in the LSM biology room at counts above 1,650 keV as the integration time was not sufficient to observe gamma rays at this energy. The curves for the LPC and shielded LSM environments do extend beyond this to 3,068 keV, however there are very few counts in this region (in both cases, < 0.6% of total counts). Across the entire range of energies sampled, the gamma background in Clermont-Ferrand remains approximately 100 times greater than that in the shielded LSM environment, and 3 times greater the unshielded environment.

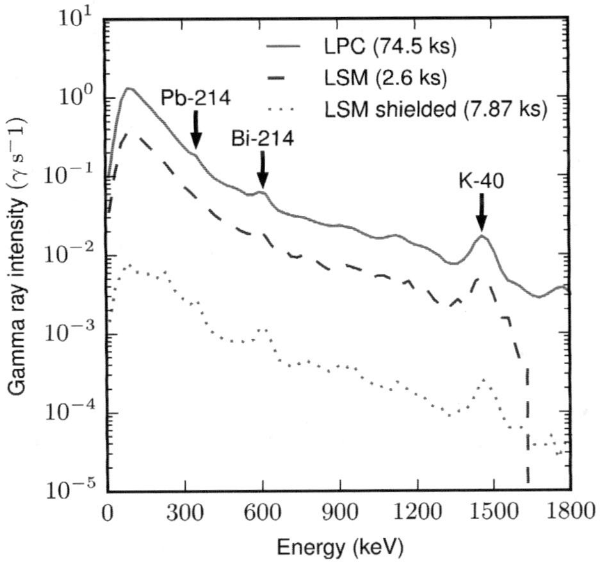

Figure 2. Comparison of gamma spectra at Clermont-Ferrand (LPC, solid red), the LSM biology lab (LSM, dashed blue), and inside the experimental lead chamber (LSM shielded, dotted green) measured with a NaI (Tl) detector.

Whilst this measurement lacks the spectral resolution of a high purity germanium crystal, gamma peaks corresponding to some elements are evident and have been marked on Figure 2. These are all traceable to the primordial radionuclides that surround the laboratory. Most notable is the 1460 keV peak from ^{40}K, and the 609.3 keV peak from ^{214}Bi, a radon daughter. An excess is observed in the curves near 338-362 keV, which is likely due to the 352.0 keV peak of ^{214}Pb (also a radon daughter).

Gamma dosimetry reveals the significant decrease in the gamma dose achieved by conducting experiments in the underground lab. Using the IdentiFinder gamma dosimeter, the gamma dose in the LSM biology room was found to be 20 ± 5 nSv hr^{-1}, whilst in the Clermont-Ferrand microbiology laboratory the gamma dose was significantly higher, at 150 ± 10 nSv hr^{-1}. Measurements made inside the lead chamber with the door ajar were not possible as the dose rate was below the detection threshold of the dosimeter. The IdentiFinder detector was limited to a precision of 10 nSv hr^{-1}.

Simulations of the energy deposited in water by the gamma background were made using energy-binned flux measurements taken at a wall and in the centre of the LSM great hall. The results of these simulations are shown in Table 2. Both physics constructors used gave results in agreement with each other. The absorbed dose measured using the spectrum from the great hall is within the precision of that measured by dosimetry, whilst the spectrum against wall the overestimates the measured dose.

Table 2. Simulated absorbed dose rates from the gamma background in the LSM and the radiation sources in the nutritive medium. Doses were calculated using the Livermore and StandardPhysics constructors within Geant4. The gamma background was simulated using spectrum measured against a wall, and towards the centre of the laboratory hall.

Source	Livermore (nGy hr^{-1})	Standard (nGy hr^{-1})
Gamma (wall)	47.3(4)	47.9(4)
Gamma (hall)	23.3(2)	23.3(2)
^{40}K (γ)	25.865(5)	25.939(5)
^{40}K (β)	0.1080(3)	0.1088(3)
^{14}C (β)	$1.4757(3)\ 10^{-3}$	$1.4762(3)\ 10^{-3}$

The major internal contributions to the radiation dose were also simulated (Table 2). Firstly, the ^{40}K gamma line has a very minor impact on radiation dose, and the radioactive decay of ^{14}C is negligible. Rather, the internal dose is dominated by the emission of beta particles from ^{40}K. It bears noting that the average energy of a ^{40}K beta particle is 560 keV, however as electrons may escape the simulated well, an average of 426 keV is deposited in the well per event. The energy that escapes may interact with another well. Whilst this depends strongly on the position of the well on the microplate (as not all wells have the same number of neighbouring wells), an approximation of the radiation dose in one well from another can be made by considering the angular space occupied by a neighbouring well. By considering the maximum solid angle that a neighbour may occupy and also assuming that little energy is lost in the air between wells, an upper bound can be found for the energy deposited in each neighbouring well per event 6.1 keV. That is, the dose is underestimated by 1.4% per neighbouring well. Thus, considering the geometry of a well in the centre of the microplate with six neighbours, the size of the underestimation in the ^{40}K beta dose is no larger than 7%.

The summed doses for each environment are presented in Table 3, where we have also marked the estimated neutron dose above ground (4.4 ± 0.3 nGy hr^{-1}) from simulation. The presence of internal ^{40}K sets a limit upon the maximum dose reduction achievable following a protocol that uses Davis Medium. Merely conducting experiments in an underground laboratory reduces by a factor of 4.6 the background radiation level compared to the LPC. Removing the gamma background from the LSM using shielding allows a further reduction, such that the dose compared to the LPC is reduced by a factor of 8.2.

In order to illustrate how other biological media could be used to reduce the internal emission of ionising radiation, we show in Table 3 the concentration of potassium in various biological powders, and the associated activity of ^{40}K. In both yeast extract and tryptone, there is significantly less potassium than in Davis Medium powder. Whilst the potassium concentration of a biological culture depends on the levels of yeast extract and tryptone demanded by the recipe, large reductions in concentration can be made by using media other than the Davis Medium. For example, 1 L of Lysogeny Broth (containing 10 g L^{-1} tryptone, 5 g L^{-1} yeast extract) contains 341.5 mg L^{-1} of potassium, a reduction in the potassium concentration by a factor of 10.9 times from Davis Medium (containing 10.6 g L^{-1} powder typically).

Table 3. Doses relevant to biological experiments at the LSM, relative to measurements made at the LPC Clermont-Ferrand. Dosimetry measurements exhibited a time variation on the order of 20% on both sides of the value cited. The background for cosmic rays was taken from UNSCEAR [24]. Doses from potassium and carbon inside the well were simulated using the Geant4 simulation toolkit.

Source	Method	LPC Clermont (nGy hr^{-1})	LSM (nGy hr^{-1})	LSM (shielded) (nGy hr^{-1})
γ background	Dosimeter	150	20	<1
Cosmic rays (charged & γ)	UNSCEAR	33	<<1	<<1
Cosmic rays (neutrons)	Simulation	4.4	<<1	<<1
^{40}K (γ)	Simulation	0.13	0.13	0.13
^{40}K (β)	Simulation	26	26	26
^{14}C (β)	Simulation	<<1	<<1	<<1
	Total	214	46	26

Table 4. Measured concentrations, c, of potassium and activity, A, of 40K within one kilogram of standard biological powders from gamma spectroscopy. The measurement from Davis medium is provided for reference calculated from its chemical composition.

Medium (as powder)	c(K) (mg g^{-1})	A(^{40}K) (Bq kg^{-1})
Yeast Extract	63.3 ± 1.2	$1{,}960 \pm 40$
Tryptone	2.5 ± 0.2	7.7 ± 0.6
Davis Medium	351	10,840

4 Discussion.

Our results show that Modane provides an excellent environment to conduct low background biological experiments. Biological experiments introduce a unique nuance into the standard way of running a low background experiment, where typically it is necessary to eliminate as many background sources as possible, to as large a degree as possible. Practically, biological experiments bring with them a level of radioactivity in their natural chemical composition, by virtue of the important biological role of potassium. Thus for the majority of low background biological experiments, it is sufficient to reduce the background sufficiently that it is dominated by the internal contribution of ^{40}K. Methods of reducing the potassium dose in biological experiments have not been widely discussed, indeed some experiments have forgotten to include the contribution of potassium within growth media. Media selection plays an important role in reducing the potassium background. We have presented measurements of the potassium concentration of one manufacturer's yeast extract and tryptone. These measurements can serve as a guide to assessing the radiative impact of different media. Indeed, there is a ten-fold decrease in the potassium concentration, and thus ^{40}K activity going from Davis Medium to Lysogeny Broth. Whilst this decrease is large, it still does not alter our conclusion that potassium is the dominant source of radiation dose in shielded underground biological experiments. If further reductions were necessary, or an experiment required a potassium rich medium, potassium enriched with ^{39}K could be used to significantly reduce the radiation background.

Working in underground laboratories, the major significant external radiation source is the gamma background. This gamma background can be effectively suppressed using standard lead shielding. While above ground, lead shielding can reduce the gamma background, underground laboratories shelter biological experiments from the far more difficult to eliminate cosmic sources of radiation, typically neutrons and muons. This is responsible for a reduction in the absorbed dose by 35 nGy hr^{-1}, according to our quantification of the neutron dose, and the standard estimate of the cosmic background dose from charged particles and photons. A higher reduction is often achievable given that most underground laboratories include other measures to reduce the background radiation level, such as low radioactivity concrete.

It should be noted that our measurement of the gamma background at the LPC are significantly than the standard terrestrial gamma background of 60 nGy hr^{-1} [21]. Whilst the measurement we made does convolute the terrestrial and cosmic gamma backgrounds, as the gamma dosimeter could not distinguish the two, this is not a significant factor in the large background measurement as the cosmic background dose is dominated by muon interactions. Rather, the LPC is located in the 'Massif Central' region of France, which is known to have a particularly high background radiation level.

We have not specifically considered ^{222}Rn and its daughters as an important contributor to the internal dose in these measurements. Whilst the energy contained in α-particles from decaying ^{222}Rn is large, and can significantly impact a biological system, the experimental geometry can play a large role in varying this dose. Lungs, or a lung like system for example will receive a significantly larger radiation dose from radon, due to the frequent gas exchange, than a glass test tube containing bacteria in a nutritive medium, and little air. Even without elaborate measures to limit exposure, the impact of ^{222}Rn is relatively small, for example, in the Gran Sasso laboratory, [13] Fratini et al. (2015) find its contribution to be less than 1% of that of ^{40}K (0.17 nGy hr^{-1} in a 5 Bq m^{-3} environment).

Our simulation measurements of the gamma background in the main hall are in agreement with gamma dosimetry measurements, and as such would serve as an appropriate input for future simulations of the gamma background in Modane. Conversely, the gamma spectrum taken next to the wall overestimates the gamma dose, which is unsurprising given that the geometry of the measurement is heavily directional. Whilst using an energy binned spectrum as a simulation input causes the spectrum to lose the distintive peaks that characterise a gamma spectrum, this has little effect on the underlying result as the majority of counts are in the continuum part of the spectrum.

Assessing the biological impact of a background reduction from the 214 nGy hr^{-1} an organism would receive on the surface in Clermont-Ferrand with the much lower 26 nGy hr^{-1} from an underground laboratory is difficult due to the unknown response of living systems in ultra-low background environments. Daly [25] suggests that double strand breaks (DSBs) from radiation exposure typically occur with a frequency of ~0.004 DSB Gy^{-1} Mbp^{-1}. If a linear model for induced radiation damage with dose holds true, then there would be an 8-fold difference in the number of DSBs occuring within organisms outside an underground laboratory, compared to those studied within it. Following this logic, cells grown underground would be considerably less damaged than those grown above ground. Whilst this may be technically true, low background experiments up to now indicate an up regulation of the oxidative stress response in low background environments. As a more coherent picture emerges of organic behaviour in low dose environments, it is important that measurements of dose in experimental systems are accurately made, to enable an accurate comparison between the different low background radiation environments and experimental procedures.

5 Conclusion.

We have presented measurements of the radiation background for a biological experiment in the Modane Underground Laboratory. The primary conclusion from these measurements is that while most forms of radiation may be suppressed to allow the study of life in the absence of ionising radiation, living systems are innately dependant upon potassium, and the quantity of ^{40}K within the biological experiment sets the minimum radiation dose that can reasonably be achieved. Our measurements and simulations show that when an experiment is shielded and an experimental configuration that minimises radon exposure is used, the most significant factor in the absorbed radiation dose of the sample is that due to potassium.

Acknowledgements.

The authors would like to acknowledge the support of the staff of the LSM, who provided wonderful technical support throughout the measurements conducted there. We also thank Didier Miallier for his aid with gamma spectroscopy. NL acknowledges the financial support of the Conseil General de l'Allier.

References.

1. H. Castillo et al., Stress induction in the bacteria Shewanella oneidensis and Deinococcus radiodurans in response to below-background ionizing radiation, International Journal of Radiation Biology, **3002**(October), 1–33 (2015)
2. L. Satta, et al., Low environmental radiation background impairs biological defence of the yeast Saccharomyces cerevisiae to chemical radiomimetic agents, Mutation research, **347**(3-4), 129–133 (1995)
3. L. Satta et al., Influence of a low background radiation environment on biochemical and biological responses in V79 cells, Radiation and environmental biophysics, **41**(3), 217–224 (2002)
4. E. Fratini et al., Low-radiation environment affects the development of protection mechanisms in V79 cells. Radiation and Environmental Biophysics, **54**(2), 183–194 (2015)
5. M.C. Carbone et al., The Cosmic Silence experiment: on the putative adaptive role of environmental ionizing radiation, Radiation and Environmental Biophysics, **48**(2), 189–196. (2009)
6. M. Tubiana, L.E. Feinendegen & J.M. Kaminski, The Linear No-Threshold Relationship Is Inconsistent with Radiation Biologic and Experimental Data, Radiology, **251**(1) (2009)
7. L.E. Feinendegen, Evidence for beneficial low level radiation effects and radiation hormesis, British Journal of Radiology, **78**(925), 3–7 (2005)
8. M.P. Little et al., Risks associated with low doses and low dose rates of ionizing radiation: why linearity may be (almost) the best we can do, Radiology, **251**(1), 6–12 (2009)
9. A. Bettini, New underground laboratories: Europe, Asia and the Americas, Physics of the Dark Universe, **4**, 36–40 (2014)
10. F. Piquemal, Modane underground laboratory: Status and project, The European Physical Journal Plus, **127**(9), 110 (2012)
11. V. Chazal et al., Neutron background measurements in the Underground Laboratory of Modane, Astroparticle Physics, **9**(2), 163–172 (1998)
12. B. Schmidt et al.,. Muon-induced background in the EDELWEISS dark matter search, Astroparticle Physics, **44**, 28–39 (2013)
13. E. Armengaud et al., Background studies for the EDELWEISS dark matter experiment, Astroparticle Physics, **47**, 1–9 (2013)
14. S. Fiorucci et al., Identification of backgrounds in the EDELWEISS-I dark matter search experiment, Astroparticle Physics, **28**(1), 143–153. (2007)

15. I. Savvidis et al., Underground low flux neutron background measurements in LSM using a large volume (1m3) spherical proportional counter, Journal of Physics: Conference Series, 203, p.012030. (2010)
16. B.C. Carlton, & B.J. Brown, Gene mutation. *In P. Gerhardt, ed. Manual of methods for general bacteriology*, Washington D.C.: American Society for Microbiology, pp. 222–242 (1981)
17. D. Malczewski, J. Kisiel & J. Dorda, Gamma background measurements in the Laboratoire Souterrain de Modane, Journal of Radioanalytical and Nuclear Chemistry, **292**(2), 751–756. (2012)
18. J. Allison et al., Geant4 developments and applications. IEEE Transactions on Nuclear Science, **53**(1), 270–278 (2006)
19. J.A. Cameron & B. Singh, Nuclear Data Sheets for A=40, Nuclear Data Sheets, **102**(2), 293–513 (2004)
20. D.R. Tilley et al., Energy Levels of Light Nuclei, Revised Manuscript, **40441**(November) (2012)
21. UNSCEAR, 2000. Annex B Exposures from natural radiation sources, United Nations Scientific Comittee on the Effects of Atomic Radiation, Annex B.
22. A.Bouville & W.M. Lowder, Human Population Exposure to Cosmic Radiation. Radiat Prot Dosimetry, **24**(1-4), 293–299 (1988)
23. M.S. Gordon et al., Measurement of the flux and energy spectrum of cosmic-ray induced neutrons on the ground, IEEE Transactions on Nuclear Science, **51**(6), 3427–3434 (2004)
24. UNSCEAR, *Sources and effects of ionizing radiation: Exposures of the public and workers from various sources of radiation* (Vienna: United Nations Scientific Comittee on the Effects of Atomic Radiation, 2008).
25. M.J. Daly, Death by protein damage in irradiated cells, DNA Repair, **11**(1), 12–21 (2012)

EPJ Web of Conferences **124**, 00007 (2016) DOI: 10.1051/epjconf/201612400007
L.A.R.D. 2015

In-vivo dosimetry for conformal arc therapy using several MOSFET in stereotactic radiosurgery computed by an inverse model

Aurélie Sors[1,3], Emmanuelle Cassol[2,5,7], Mathieu Masquère[6], Igor Latorzeff[3,4], Pierre Duthil[2,3], Nicolas Chauveau[1], Jean-Albert Lotterie[1,3], Jean Sabatier[3], Alain Redon[3,4], Isabelle Berry[1,3], Xavier Franceries[5,6,7]

[1]*Toulouse NeuroImaging Center, Université de Toulouse, Inserm, UPS, France*
[2]*Unité de Radiophysique et de Radioprotection, CHU Toulouse*
[3]*Centre de Radiochirurgie Stéréotaxique, CHU Rangueil, Toulouse*
[4]*Groupe Oncorad Garonne*
[5]*Inserm, UMR1037 CRCT, F-31000 Toulouse, France*
[6]*Université de Toulouse; UPS, INPT; LAPLACE Laboratoire Plasma et Conversion d'Energie ; 118 route de Narbonne, F-31062 Toulouse cedex 9, France*
[7]*Université Toulouse III-Paul Sabatier, UMR1037 CRCT, F-31000 Toulouse, France*

Abstract. *In-vivo dosimetry is still a challenge in stereotactic radiosurgery since most of treatments are delivered using rotational technique with small fields. A realistic and practical solution for these treatments delivered in conformal radiotherapy is proposed to control the absorbed dose at isocentre, using multiple surface MOSFET measurements over an arc. On the one hand, a forward method was developed to optimize the location of the detectors at the patient surface, taking into account arc length, prescribed isocentre dose, collimator and field size. On the other hand, an inverse method was used to compute the dose at isocentre for conformal arc therapy in stereotactic radiosurgery, using MOSFET measurements. Finally, the reconstructed dose at isocentre was compared to real measurement, obtained for several detectors positioned at a phantom surface. Results show that the inverse method gives good results with five MOSFET equi-spaced positioned within the arc beam course: deviation between prescribed and computed average total dose at isocentre was below 2% both for* 30×30 *mm*^{2} *and* 18×18 *mm*^{2} *field size*

La dosimétrie in-vivo est toujours difficilement applicable pour la radiochirurgie stéréotaxique car la plupart des traitements sont délivrés en technique rotationnelle avec des petits champs. Une solution réaliste et pratique pour ces traitements délivrés par radiothérapie conformationnelle est proposée afin de contrôler la dose absorbée à l'isocentre, en utilisant plusieurs mesures de MOSFET positionnés à la surface d'un arc. Dans un premier temps une méthode directe a été développée afin d'optimiser le positionnement des détecteurs à la surface du patient, en intégrant la longueur de l'arc, la dose prescrite à l'isocentre, la taille du champ. En second lieu, une méthode inverse a été utilisée pour calculer la dose à l'isocentre par technique d'arcthérapie conformationnelle en radiochirurgie stéréotaxique en utilisant les mesures de MOSFET. Finalement, la dose reconstruite à l'isocentre a été comparée à la mesure réelle, obtenue à partir de plusieurs détecteurs positionnés à la surface d'un fantôme sphérique. Les résultats montrent que la méthode inverse est satisfaisante avec cinq MOSFET positionnés de façon équidistante le long de la course de l'arc : l'écart entre la dose totale calculée et prescrite à l'isocentre était inférieur à 2% pour les tailles de champ de 30×30 mm² et 18×18 mm.

1 INTRODUCTION

In vivo dosimetry for intracranial radiosurgical treatments, usually delivered in a single instalment over a small field remains a current problem. Small radiation beams are used increasingly in modern therapy and the dosimetric measurements required for deploying such techniques are a topic of great interest in the literature [1,2,3,4]. However, the methodology for in vivo dosimetry by point detectors placed on the surface is not described for stereotactic radiosurgical treatments.

Despite the difficulties with the use of the dose at a point quantity in non equilibrium radiation beams, the ideal dosimeter for small fields should have the following features: biophysical tissue equivalence, independence in respect of energy and dose rate, minimal disturbance to the radiation field, very high spatial resolution, and small active volume, in order to minimise the effects of partial volume and to avoid errors due to measurement [5]. Moreover, in clinical conditions the detector must be convenient to use, well adapted to small field conditions and to the irregularities of the head's skin surface. Therefore diodes and films are not employed. Using thermoluminescent diodes (TLDs) could offer an alternative, but several studies have reported their fragility and the need for lengthy calibration and tedious reading [6]. The sensitive surface of a MOSFET is so small that it can be considered as a point measure. Therefore, MOSFETs could be suitable for in-vivo assessment of radiosurgery microbeams [7,6,8]. In the literature their use has been described extensively for such in vivo procedures as: in vivo dosimetry for external radiotherapy[9,10,11], dose verification in intensity modulated radiotherapy (IMRT) [12,13,14], measurements in head and neck Tomotherapy [15], skin dose measurement [16], entry dosimetry [17], implantable detectors for in-situ testing during radiation therapy treatment [18], dose verification of permanent low-dose-rate implants [19] and as a dosimeter for imaging in radiological procedures [20]. Additional studies have reported excellent linearity, dosimetric accuracy in the build-up region and directional independence [9,21]. Besides, MOSFET detectors do not exhibit dependence on dose power [9,22,23].

In this paper, we suggest the possibility of using an inverse model for reconstructing the dose delivered at the isocentre by way of several surface measurements made with MOSFET detectors in rotational technique of a conforming arc. First, we describe an experimental method, using a spherical phantom, allowing the characterisation of the MOSFET response in off-axis conditions in order to determine the detection window of each detector in terms of angle for fields from 18×18 mm² to 42×42 mm². Different positioning solutions (i.e. at the entry or the exit measurements) compatible with clinical conditions have been examined and evaluated.

Then we describe a forward model allowing optimisation of the positioning of detectors depending on the treatments parameters: length of the arc, dose prescribed at the isocentre, and fieldsize.

Lastly, an inverse model has been developed and experimentally evaluated on a phantom for classical stereotactic treatments which, allow dealing with issues such as loss of lateral electronic equilibrium

2 Methods

2.1 Detectors and dosimetry system

The mobile MOSFET dose verification system (TN-RD-70W, Best Medical Canada, Ottawa, Canada) has been used for dose measurements. The MOSFET dosimeters used in this study are p-channel and of the dual-MOSFET type (TN-502RD type, Best Medical Canada, Ottawa, Canada). From one to five MOSFET detectors can be simultaneously connected to the reader. The MOSFETs studied have the following dimensions: 1.3 mm (thickness) × 2.5 mm (width) × 8 mm (length). In all measurements described here, detectors were oriented with dome upwards for entrance measurement and dome downward for exit measurements. The MOSFETS were irradiated using the standard sensitivity mode (1 $mV.cGy^{-1}$) so as to increase their lifetime. Fuller details on the physical detection principle can be found here [23]. Dose measurements were made on a Novalis accelerator (Varian) equipped with a micro multi-leaf (micro-MLC) m3 collimator (BrainLab®) delivering a beam of 6 MV photons. The treatment planning system (TPS) used for simulating treatments was Brainscan version 5.3.1 (BrainLab®) with a pencil beam dose calculation.

The MOSFET was embedded in a groove made in hemispherical cap of the RW3 material (ρ = 1.04 $g.cm^{-3}$ and diameter = 13 mm) to provide electronic equilibrium. Indeed the inherent thickness of the MOSFET in a water thickness equivalent to the electronic equilibrium was estimated at 0.8 mm [24,9]. Lastly, from the geometrical dimensions of the cap and of the MOSFET, the total thickness equivalent water for establishing the electronic equilibrium above the sensitive surface of the receiver in measurement was estimated at 7.1 mm.

The detectors were calibrated [25] at the surface of phantom XWU-IMRT (ρ = 1.18 $g.cm^{-3}$; 20×20×20 cm^3) with the dome oriented towards the radiation source using the accelerator output at zmax.The sensitivity coefficients $SC_{zeq,A\times A}$ in $mV.cGy^{-1}$ were obtained at the z_{eq} equivalent depth and with a given field size A×A. As the MOSFET detectors are of the dual type, temperature dependence is minimal [26,27]. The maximal discrepancy in sensitivity measured was 1.8%. Batch uniformity was found to be similar to the range provided by the manufacturer (2%).

2.2 MOSFET angular response

The aim of this section is to characterise the response of the MOSFET for given angular positions of the detector in respect of beam axis, for different beam entry or exit fields. Arc therapy consisting in dynamic isocentric radiation over an arc may be considered as a degree-by-degree succession of static beams converging on a point. Thus the angle of detection sensitivity was determined on a spherical Lucy© SRS (Standard Imaging, Middleton, WI) phantom centred at the SSD_{ref} = 93cm of the beam and at 7 cm of depth. A MOSFET detector equipped with an RW3 cap and centred on the axis was irradiated by a beam of 0° angle. With the MOSFET fixed at beam entry (0°), then the accelerator gantry rotated in steps by angles α of 1, 2, 3, 4, 5, 7, 10, 15, 20 and 25°. This operation was repeated for the detector placed at the beam exit for the same α values of 5, 10, 15, 20, 25, 30 and 40°. For each angle position α the MOSFET was irradiated with 100 monitor units (MU), keeping the angle of the arm fixed at 0° for fields of 18×18 mm^2, 24×24 mm^2, 30×30 mm^2, 36×36 mm^2 and 42×42 mm^2.The angular response $(S_\alpha)_{A\times A}$ normalised at 0° for a given angle α was obtained at the entry and exit of the phantom applying equation (1):

$$(S_\alpha)_{A\times A} = \left(\frac{MOSFET_\alpha}{MOSFET_{\alpha=0°}}\right)_{A\times A} \quad (1)$$

with $MOSFET_{\alpha}$ being the MOSFET reading obtained for the angle position and $MOSFET_{\alpha=0°}$ being the MOSFET reading obtained when the axis of the beam and the axis of the detector are aligned, with the angle of the arm fixed at 0°.

Considering the symmetrical geometry of the detectors along the axis of the beam, the angular gradient was investigated experimentally. Angular response profiles $(S_{\alpha})_{A\times A}$ were interpolated for each size of field in 1° steps from -25 to +25° in respect of the beam entry, and from -40 to +40° in respect of the beam exit. A program written in Matlab® enables to obtain the interpolated profiles of angular response $(S_{\alpha,i})_{A\times A}$(cf. figure 1).

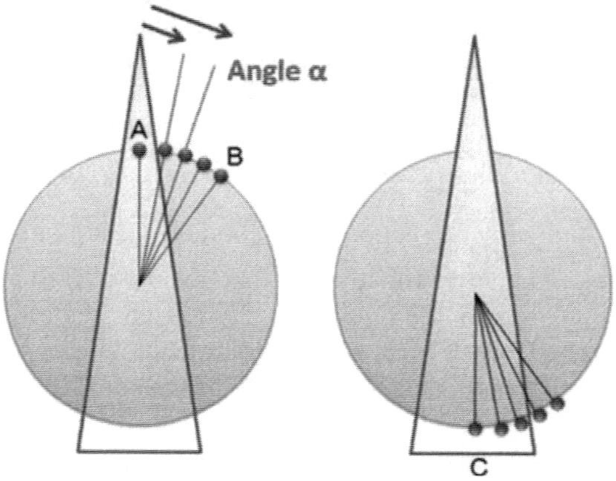

Figure 1. Diagram of experimental assembly used to determine the angular response of MOSFET detectors on entry, at the left and on exit (in the middle), for a given size of field at a fixed fluence: the positions A and C correspond to the position of the MOSFET detector at 0° at the entry and at the exit of the beam.: the position B corresponds to the MOSFET detector at the angle α to the beam axis.

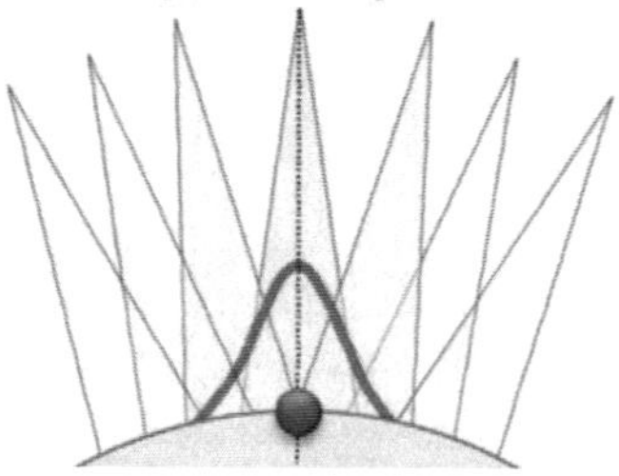

Figure 1.b. Profile of the measured angular response (Sα)A×A then interpolated (Sα,i)A×A at the entry of a beam of the MOSFET, enabling the response of a detector positioned on the surface and irradiated through an arc (for a field size A x A) to be predicted.

For a given angle position of the detector, the value of the dose at the point, was calculated by the treatment planning system, TPS, at the intersection of the axis of the MOSFET and of 7.1 mm of depth in the spherical phantom, with the Point Kernel algorithm of TPSIsogray (DosiSoft®) and extracted in 1° steps. The correlation coefficients between the dose profiles thus obtained and the response as a function of the angle $(S_{\alpha,i})_{A\times A}$ were determined for each field size. Figure 2 represents the coordinates of the points of dose calculation by the Point Kernel algorithm.

 DOI: 10.1051/epjconf/201612400007

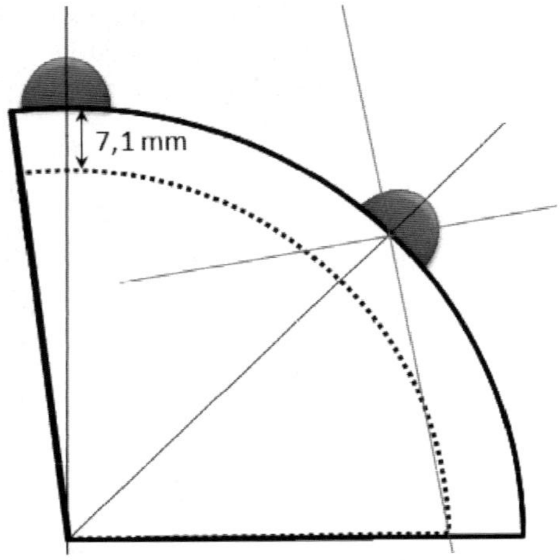

Figure 2. Diagrammatic representation of the irradiation geometry induced at the level of the detector when it is placed either on the axis or on the edge of the beam on the surface of the homogeneous spherical phantom Lucy©. The dotted line represents the coordinates of the points of dose calculation by the Point Kernel algorithm. One sees the diminution of the signal at the edge of the beam, which represents the sensitivity angle in Figure 1b.

2.3 Applicable forward solution for optimal detectors placement

First, one calculates the reading of a MOSFET positioned on the skin of a patient treated with an arc therapy whose length, dose at the isocentre and field size are known. This model requires prior knowledge of the angular response of the MOSFET. In a second step, four spatial arrangements of detectors are investigated which allow choosing the most appropriate one for a given irradiation geometry and dose prescribed at the isocentre.

2.3.1 Forward method to calculate the reading of the MOSFET

After the planning stage of a conformational arc therapy the following parameters are known: dose prescribed at the isocentre, arc length, angle at the beginning and end of arc to be delivered, field size. From these entry parameters the dose delivered for each α angle degree $D_{c,deg}$ for an length of arc A_{arc} in degrees is given by:

$$D_{c,deg} = \frac{D_{iso}}{A_{arc}} = M_{c,deg} \times \frac{1}{SC_{z\,eq,\,A\times A}} \quad (2)$$

Where D_{iso} is the dose prescribed at the isocentre in cGy; $M_{c,deg}$ is the calculated reading of the MOSFET by degrees in mV; and $SCz_{eq,A\times A}$ the response expressed in $mV.cGy^{-1}$ obtained at the depth equivalent z_{eq} and for field size A x A.

In arc therapy the reading of the MOSFET comprises the sweep of the beam over an angular window whose size [- α_{max} à $+\alpha_{max}$] is a function of field size and distance from the source. The dose calculated D_c, in Gy, delivered at a MOSFET positioned at the entry or the exit of the beam is given by the relation:

$$D_c = \underbrace{\left[\sum_{i=-\alpha_{max}}^{+\alpha_{max}} \left(M_{c,\,deg} \times (S_{\alpha,\,i})_{A\times A} \right)_i \right]}_{M_c} \times \frac{1}{SC_{z\,eq,\,A\times A}} \times F_{SSD} \times (F_{att})_\alpha \quad (3)$$

Where $S_{\alpha,i}$ is the matrix of interpolated angular response normalised at 0° obtained by experiment from surface measurements made on the spherical phantom at the SSD_{ref} for a field size A x A, F_{SSD} is the correction factor of the angular response with the distance to the source, F_{att} is the correction factor for the response diminution of the MOSFET when it is placed at the beam exit, and M_c is the calculated reading of the MOSFET in mV after irradiation.

$$F_{SSD} = \frac{(SSD_x)^2}{(SSD_{ref})^2} \quad (4)$$

$$(F_{att})_\alpha = \frac{(MOSFET_C)}{(MOSFET_A)} \quad (5)$$

With $F_{SSD} = 1$ if the SSD is identical to SSD_{ref}
With $(Fatt)\alpha = 1$ if the detector is positioned at the entry of the beam
Where $MOSFET_A$ and $MOSFET_C$ are the MOSFET reading obtainedat the positions A and C on the phantom surface.

Figure 3 represents the principle of obtaining the calculated reading of a MOSFET, Mc, after the irradiation of an arc whose angle at the beginning and ends, and the field size, are known.

2.3.2 Optimization of the positioning of MOSFET detectors

It is necessary to optimize the positioning of MOSFET detectors for a given irradiation geometry to obtain a balance between maximizing in-vivo measurement efficiency and minimizing MOSFETS detectors setup time. With the mobileMOSFET system, it is possible to connect into the reader housing for measuring an arc. For clinical conditions, four spatial arrangements of detectors were used as constraints in resolving the forward problem in the algorithm. Figure 4 represents the spatial configurations of the MOSFETs for each constraint:

- Constraint 1: Positioning 5 MOSFETs covering the whole arc at the beam entry.
- Constraint 2: Positioning 5 MOSFETs covering the arc at the beam entry but avoiding the edges.
- Constraint 3: Positioning 3 MOSFETs covering the whole arc at the entry of the beam and positioning 2 MOSFETs at the beam exit (in respect of the angle at the beginning and the angle at the end of the arc).
- Constraint 4: Positioning 3 MOSFETs covering the whole arc at the beam entry but avoiding the edges and positioning 2 MOSFETs at the beam exit (in respect of the angle at the beginning and the angle at the end of the arc).

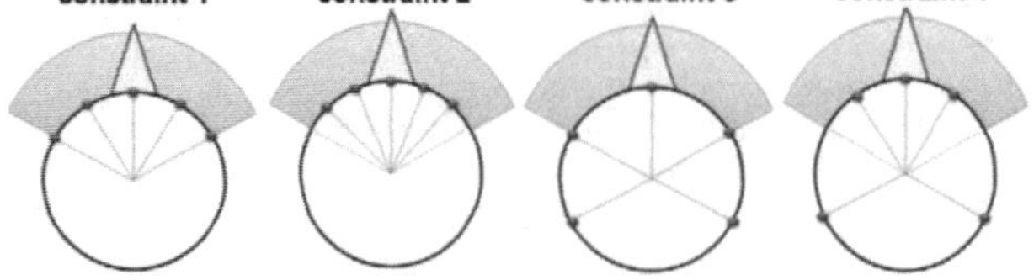

Figure 4. Diagram representing, from left to right, the situation of the MOSFETs on the surface for constraints 1, 2, 3, and 4 for measuring the dose in arc therapy conditions.

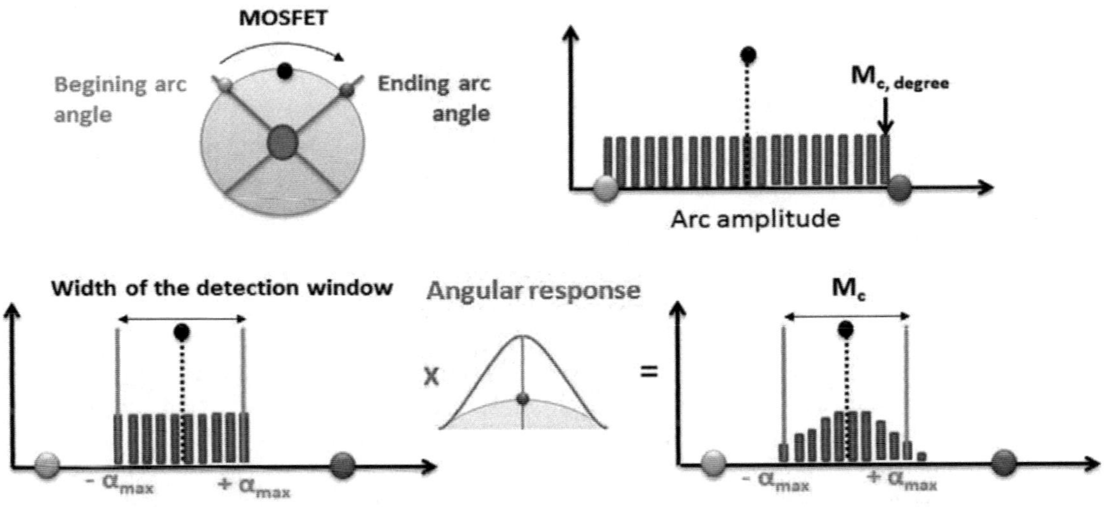

Figure 3. Diagram of the principle of obtaining the calculated reading of MOSFET, Mc, after irradiation of an arc whose angle at the beginning and end, and the field size, are known.

By incorporating the angular response, $(S_{\alpha,i})_{A\times A}$, the forward method allows automatic calculation of positioning detectors on the surface for each constraint for a given length of arc and field size. As the detector is not ideal an evaluation of the method was made in near-clinical conditions. The equation for the forward solution allows the theoretical dose received by each MOSFET placed in a given angular position to be reconstructed.

A large set composed of 252 simulations was used to validate the method. The following irradiation parameters were used:

- Length of arc in 10° steps from 90° to 170°
- Dose at the isocentre from 1 Gy to 7 Gy in 1 Gy steps
- Field sizes 18×18 mm², 30×30 mm² and 42×42 mm².

For each forward solution obtained through the simulations the constraint is deemed clinically viable if the theoretical dose to the detector Dc is greater than a dose of 8cGy. This criterion corresponds to an acceptable measurement variation of ~2%. Forward solutions allow the minimal dose at the isocentre to be defined, thus allowing each constraint to be examined as efficiently as possible for given irradiation parameters.

2.4 Inverse Solution

The inverse method consists first in estimating the delivered dose by degree, from the MOSFET measurement at the surface after an arc irradiation when the arc size and the field size are known. This computed dose by degree is directly linked to the dose at the isocentre.

2.4.1 Inverse method

For each detector the dose per degree $D_{c,deg}$, is sought which will estimate the value of the dose measured D_m depending on the position of the detectors.

DOI: 10.1051/epjconf/201612400007

To this end we shall minimise the residue R_k, representing the difference between the measured dose D_m and the total dose at iteration k :

$$R_k = D_m - (D_c)_k \tag{6}$$

$$(D_c)_k = \left[\sum_{i=-\alpha_{max}}^{+\alpha_{max}} \left(\underbrace{M_{c,deg} \times \frac{1}{SC_{z\,eq,A\times A}}}_{D_{c,deg}} \times (S_{\alpha,i})_{A\times A} \times F_{SSD} \times (F_{att})_\alpha \right)_i \right]_k \tag{7}$$

Where R_k is the residue between the dose measured D_m and the dose calculated D_c for each MOSFET.

The value of the dose by degree $D_{c,deg,k}$, is modified at each iteration k by the algorithm by calculating the solution $M_{c,deg,k}$ which allows for adjustment of the dose calculated on the angular window for the dose profile obtained by the forward method. The modification is based on the relation:

$$\left(M_{c,\,deg}\right)_{k+1} = \left(M_{c,\,deg}\right)_k + \beta \tag{8}$$

Where β is the iterative step.

So the residue R_{k+1} at the k+1th iteration may be expressed:

$$R_{k+1} = D_m - \left[\sum_{i=-\alpha_{max}}^{\alpha_{max}} \left(\left[\left(M_{c,\,deg}\right)_k + \beta \right] \times \frac{1}{SC_{z\,eq,\,A\times A}} \times \left(S_{\alpha,\,i}\right)_{A\times A} \times F_{DSP} \times (F_{att})_\alpha \right)_i \right]_{k+1} \tag{9}$$

In this study the solution (Mc,step)k is obtained at the kth iteration when the value of the stop criterion C is reached. When this happens the stop criterion C is relative, in conformity with the recommendations of 'Numerical Recipes' defined b:

$$C = \sqrt{\frac{\Sigma(D_m - D_c)^2}{\Sigma(D_m)^2}} = \sqrt{\frac{\Sigma(R_k)^2}{\Sigma(D_m)^2}} \tag{10}$$

Through this calculation the dose at the isocentre detected by each MOSFET on its angular sector $D_{iso,MOS}$, can be reconstructed. The global dose D_T delivered at the isocentre on the arc is obtained by the relation:

$$D_T = \frac{1}{n}\sum_{i=1}^{n}\left(D_{iso,MOS}\right)_i \tag{11}$$

Where n=5 MOSFETs used in measuring the dose on an arc.

Using the equations 6 to 11 a programme was developed under MATLAB© to resolve the inverse problem from given angular positions of MOSFETs on the surface and parameters of irradiation

2.4.2 Numerical evaluation of the inverse solution

The accuracy of the inverse solution depends on the accuracy of the forward model. First, the forward problem is resolved in order to calculate the dose delivered to the MOSFET detectors for a given spatial configuration and irradiation parameters. Then the 5 solutions are entered into the inverse algorithm in order to calculate in iterative fashion the dose at the isocentre detected by each MOSFET. Convergence of the model is achieved if the value of the stop criterion, C, is reached. In this investigation, after numerous convergence tests for the algorithm, the value of C was fixed at 10^{-5}. The forward solutions obtained as in section 3.2 (Optimisation of the positioning of MOSFET detectors) were entered into the inverse method in order to determine the corresponding inverse solutions. The gap between the forward dose and the inverse $(\Delta D_{inv\text{-}for})$ n for a given MOSFET n:

$$(\Delta D_{\text{inv}-\text{ford}})_{\text{n}} = \left(\frac{D_{\text{c,inv}} - D_{\text{c,for}}}{D_{\text{c,for}}} \times 100\right)_{\text{n}} \tag{12}$$

Where n is the number of the MOSFETs (1 to 5), $D_{c,inv}$ is the dose calculated by the inverse method, and $D_{c,for}$ is the dose calculated by the forward method.

The calculation time for the inverse method is less than one second for each configuration of the MOSFET. The calculation uncertainty for each detector $\sigma_{Diso,MOSD}$, was determined in order to estalish the overall uncertainty of the method total, σ_T(for all the MOSFETs) by:

$$\sigma_{\text{T}} = \sqrt{\begin{matrix}(\sigma_{\text{Diso MOS}})_1^2 + (\sigma_{\text{Diso MOS}})_2^2 + (\sigma_{\text{Diso MOS}})_3^2 \\ +(\sigma_{\text{Diso MOS}})_4^2 + (\sigma_{\text{Diso MOS}})_5^2\end{matrix}} \tag{13}$$

2.4.3 Experimental evaluation of the inverse solution

The experimental evaluation was conducted on the spherical phantom Lucy© in limit conditions of lateral electronic equilibrium at 6 MV (lateral electronic equilibrium, L.E.E) for a field size 30×30 mm². With the aim of testing the method in the least favourable conditions, the absence of lateral electronic equilibrium (non-L.E.E.) was also investigated. A field size of 18×18 mm² was chosen, which corresponds to the smallest field size for $SC_{zeq,A\times A}$. Thus, the following irradiation conditions were fixed as entry parameters for the forward problem in order to establish positioning for the detectors at the surface of the phantom relating to each constraint for a prescribed dose at the isocentre of 7 Gy.

Then the MOSFETS, fitted with their RW3 caps, were positioned on the axis of the arc with the aid of the accelerator reticle for each constraint, as shown in Figure 5. The constraints were investigated from 1 to 4 for 30×30 mm² field size, and from 4 to 1 for the 18×18 mm² field size. MOSFETs (calibrated by the optimised calibration method previously described) were readout 30 s after each irradiation in order to obtain a stable readout without fading effect [25]. For all constraint geometries the time between two consecutive measurements was 3.5 minutes and never more than 5 minutes. The detectors' response was then entered into the inverse algorithm in order to obtain the corresponding dose $D_{iso,MOS}$. Then the total dose at the isocentre D_T was derived from the 5 solutions given by each MOSFET.

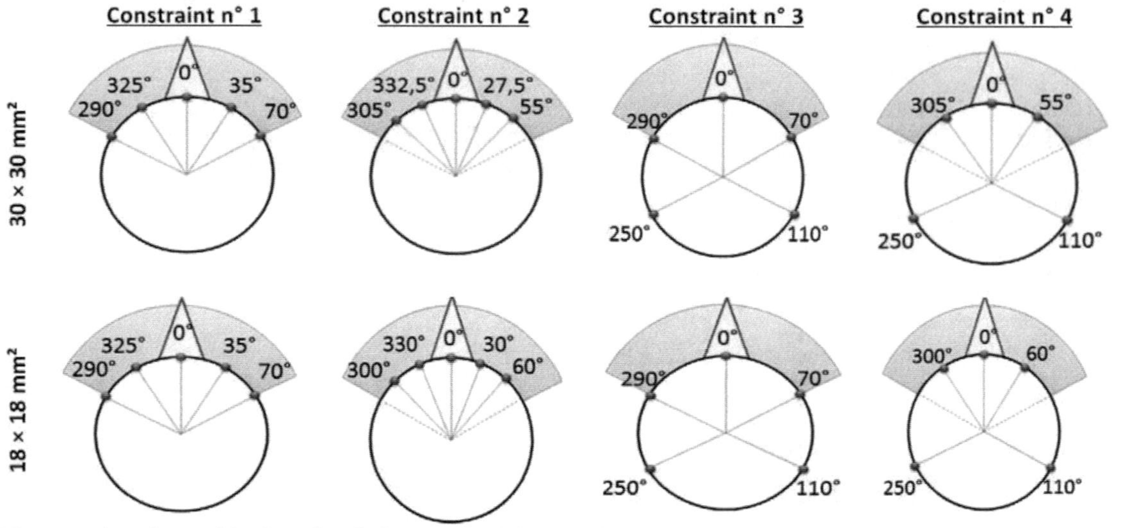

Figure 5. Angular positioning of each detector for field sizes of the irradiation beam of 30×30 mm² and 18×18 mm² and the constraints applied to the forward problem.

Using the interpolated sensitivity angle $S_{\alpha,i}$ chart, the width of the angular detection window $WW_{constraint}$ of the detector positioned for a given constraint was defined for the angle $-\alpha$ à $+\alpha$ when the response of the detector for the angle α was more than 1% of the maximal detection sensitivity, i.e. when the detector is placed on the axis of the beam. For each constraint C, the percentage of arc length efficiently explored (%) was calculated in relation to the width of the angular detection window:

$$(\text{Arc length})_C = \frac{\sum_{n=1}^{5}(WW_{constraint})_n}{A_{arc}} \times 100 \tag{14}$$

Possible drift of the angular windows of the detectors used in the program on entry and/or on entry and exit was corrected. For the different field sizes the variation between the $D_{iso,MOS}$ obtained for each detector was compared with the total dose prescribed. Then the average total dose D_T of the 5 detectors was calculated and compared with the dose prescribed. The variations in dose were compared in respect of the type of measurement considered for
- measurement at the beginning and end of the arc
- measurement at the entry of the arc
- measurement at the exit of the arc

The PinPoint ionisation chamber (PTW, volume 0.015 cm3) was placed in a vertical position at the centre of the phantom in order to measure the attenuation linked to the presence of detectors on the surface for each constraint, and to verify the fluence of the beam. Figure 6 shows the experimental setup.

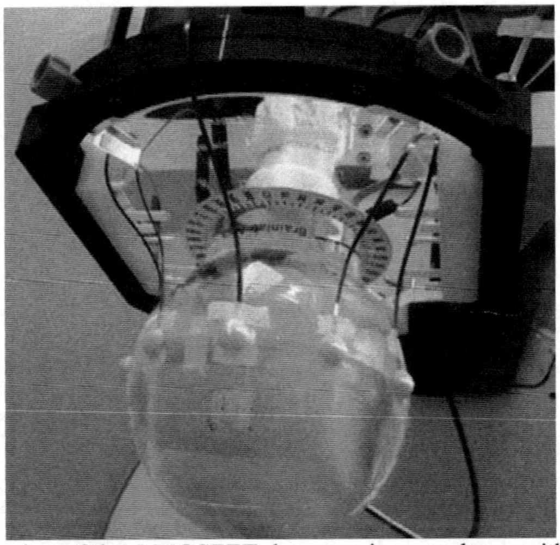

Figure 6. Illustration of the positioning of the 5 MOSFET detectors in accordance with Constraint 1 on the surface of the spherical phantom Lucy©

3 Results

3.1 Angular response of MOSFETs

In Figure 7, the angular responses of the MOSFETs sited at the entry of the beam at the phantom surface and interpolated with MATLAB© and the angular response calculated with the Point Kernel at the depth equivalent of the cap have been normalised and presented as a function of the field size. The range of the angular response increases with the field size. The MOSFET response is nil when the angle between the beam and the axis of the detector is, for each increasing field size, 12°, 15°, 17°, 23° and 25° to the surface. For the same field sizes the correlation coefficient (R^2) is respectively: 0.967, 0.952, 0.997, 0.961 and 0.999.

In Figure 8 the angular responses measured by MOSFETs positioned at the exit of the beam at the phantom surface and interpolated with MATLAB© and the angular response profiles calculated with the Point Kernel at the depth equivalent of the cap have been normalised and shown in relation with X_α and field size. For α =40° the response of the MOSFET obtained at 42×42 mm² corresponds to 3.14% of the response of the MOSFET obtained at α = 0°. The width of the angular profiles increases with field size. The response of the MOSFET is nil when the angle between the beam and the detector for increasing field sizes is 22°, 30°, 36° and 40° to the surface ($SSD_{\alpha=0°}$ = 93 cm). For these field sizes, the correlation coefficient is respectively: 0.984, 0.996, 0.999, 0.987 and 0.997.

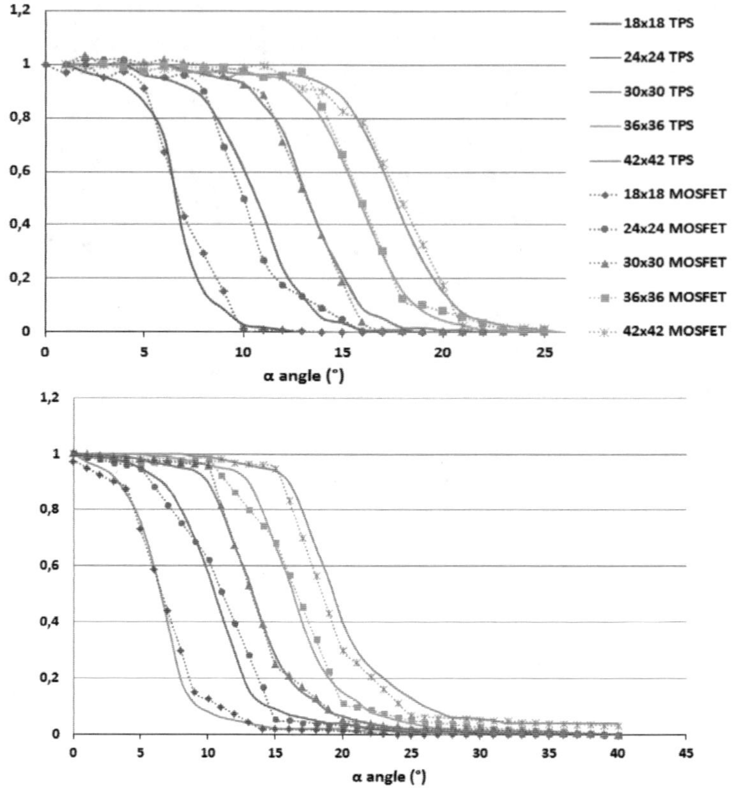

Figure 7-8. Profiles of interpolated angular response $(S\alpha,i)A\times A$ obtained by the MOSFET placed at the entry (top) and exit (bottom) of the beam and profiles of the dose calculated with the Point Kernel algorithm of TPS as a function of the angle α in degrees at a depth of 7.1 for field sizes 18×18 mm², 24×24 mm², 30×30 mm², 36×36 mm² and 42×42 mm².

3.2 Forward solution: Optimization of the positioning of MOSFET detectors

In order to determine the best position for the detectors (i.e. the constraint configuration) the minimal detection level was investigated. Figure 9 shows the value of the minimal dose required at the isocentre to give a theoretical dose of more than 8 cGy at all the detectors at a given field size and length of arc for each constraint. For all constraints, field sizes and amplitudes of arc investigated the minimal dose required at the isocentre to satisfy the criterion of acceptability is between 1 and 4 Gy.

It is obvious from Figure 9 that Constraint 2 is the best configuration. Constraint 2 allows investigating all the combinations of field size and length of arc for the lowest dose at the isocentre. For field size 36×36 mm² and the same parameters (result not shown on figure 9), the minimal dose required at the isocentre to give a theoretical dose at the detectors of more than 8 cGy is similar to the results for 42×42 mm².

3.3 Inverse Solution

3.3.1 Numerical accuracy of the inverse solution

For all combinations of field size, length of arc and constraints studied, the dose discrepancy due to the use of the inverse method is less than 0.5% at each position of the MOSFET, for a stop criterion value fixed at 10-5. The convergence time is less than 1 second for each constraint, and the overall uncertainty of the method is less than 1%.

3.3.2 Experimental inverse solution

Figure 10 shows the percentage of arc length efficiently explored calculated for each constraint at field 30×30 mm² and 18×18 mm². For these two field sizes, better results are obtained with Constraint 2 (100% and 71.4%). The percentage of arc length efficiently explored diminishes with field size for each constraint. For these two field sizes, the poorest arc length efficiently explored was obtained with Constraint 1 (85.8% and 42.9%).

The results of calculations by the inverse method of the dose at the isocentre detected by each MOSFET $D_{iso,MOS}$ and of the total dose at the isocentre D_T for field sizes 30×30 mm² and 18×18 mm² are reported in Tables 1 and 2. For field size 30×30 mm² the differences between the total dose at the isocentre D_T through separate measurements for the constraints 1, 2, 3 and 4 are respectively: -2.5%, -1.3%, -9.4% and -3.7%.

The attenuation due to the presence of detectors measured by the Pin Point for each constraint is shown in Figure 11. The attenuation value varies between 0.45% and 0.69% at 30×30 mm² and between -1.07% and -2.57% at 18×18 mm².

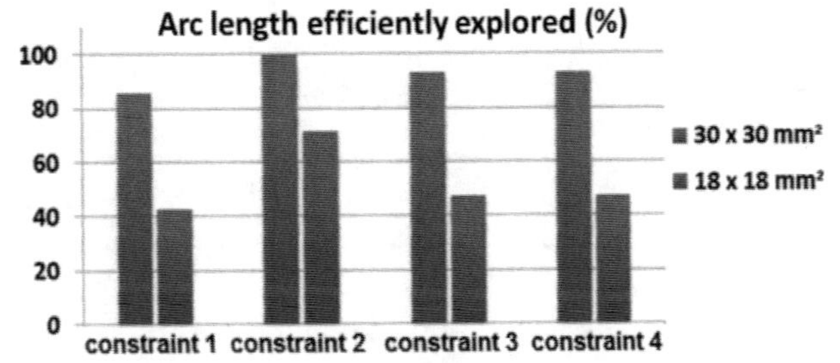

Figure 10. Percentage of arc length efficiently explored obtained for 30×30 mm² and 18×18 mm² field sizes.

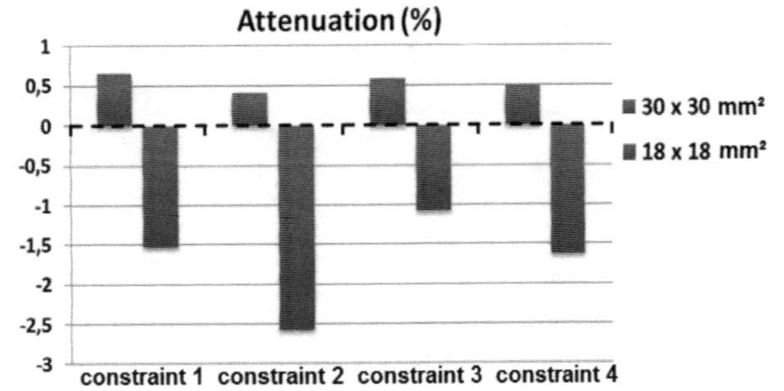

Figure 11. Attenuation (%) measured by PinPoint ionization chamber for each constraint for 30×30 mm² and 18×18 mm².

DOI: 10.1051/epjconf/201612400007

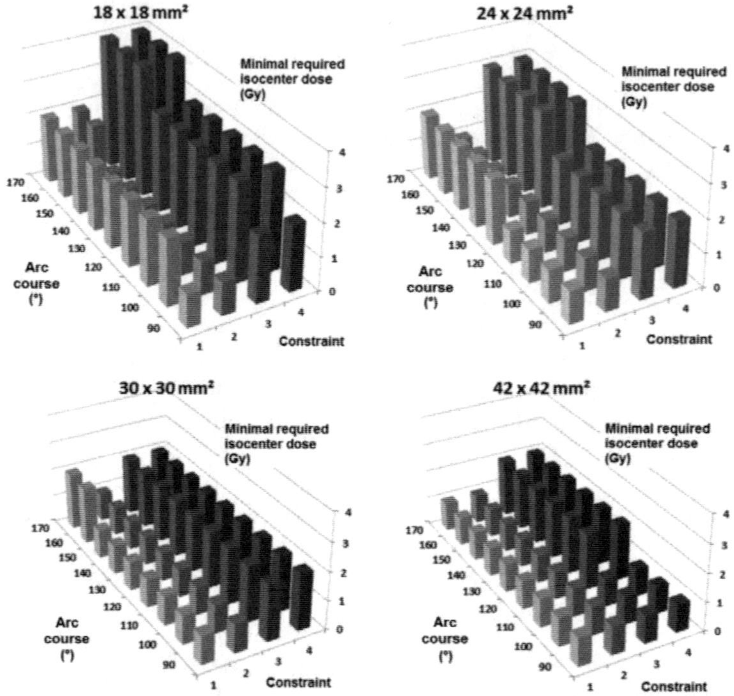

Figure 9. Comparison of constraint: minimal dose required at the isocentre to give a response at all the detectors above 8 cGy, for 4 field sizes in relation with the arc rotation course (in degrees) and the number of the detector positioning constraints.

Table 1. Results of inverse calculations for each restraint, with a field size 30×30 mm² for a prescribed dose at the isocentre of 7 Gy.

CONSTRAINT N° 1				**CONSTRAINT N° 2**			
MOS-FET	Angles (°)	$(D_{iso.\ MOS})_i$ (Gy)	Δ (%)	MOS-FET	Angles (°)	$(D_{iso.\ MOS})_i$ (Gy)	Δ (%)
1	290	7.10	1.4	1	305	6.87	-1.8
2	325	6.78	-3.1	2	332.5	6.99	-0.1
3	0	6.70	-4.3	3	0	6.96	-0.6
4	35	6.64	-5.1	4	27.5	6.78	-3.2
5	70	6.94	-0.8	5	55	6.93	-1.0
Total dose D_T		**6.83**	**-2.4**	**Total dose D_T**		**6.91**	**-1.3**

CONSTRAINT N° 3				**CONSTRAINT N° 4**			
MOS-FET	Angles (°)	$(D_{iso.\ MOS})_i$ (Gy)	Δ (%)	MOS-FET	Angles (°)	$(D_{iso.\ MOS})_i$ (Gy)	Δ (%)
1	250	6.77	-3.2	1	250	7.00	0.0
2	290	6.65	-4.9	2	305	6.65	-5.0
3	0	6.98	-0.3	3	0	7.02	0.3
4	70	6.26	-10.5	4	55	6.92	-1.1
5	110	7.57	8.1	5	110	7.67	9.6
Mean total dose D_T		**6.91**	**6.9**	**Mean total dose D_T**		**6.91**	**7.1**

Table 2. Results of inverse calculations at each constraint with a field size 18×18 mm² for a prescribed dose at the isocentre of 7 Gy.

CONSTRAINT N° 1				CONSTRAINT N° 2			
MOS-FET	Angles (°)	$(D_{iso.\,MOS})_i$ (Gy)	Δ (%)	MOS-FET	Angles (°)	$(D_{iso.\,MOS})_i$ (Gy)	Δ (%)
1	290	6.78	-3.1	1	300	6.916	-1.2
2	325	7.15	2.1	2	330	6.993	-0.1
3	0	7.01	0.2	3	0	6.902	-1.4
4	35	6.64	-5.1	4	30	6.895	-1.5
5	70	6.55	-6.4	5	60	7.3	4.3
Mean total dose D_T		**6.83**	**-2.5**	**Mean total dose D_T**		**6.91**	**-1.3**

CONSTRAINT N° 3				CONSTRAINT N° 4			
MOSFET	Angles (°)	$(D_{iso.\,MOS})_i$ (Gy)	Δ (%)	MOS-FET	Angles (°)	$(D_{iso.\,MOS})_i$ (Gy)	Δ (%)
1	250	6.68	-4.6	1	250	6.81	-2.7
2	290	6.31	-9.9	2	300	7.01	-0.1
3	0	7.01	0.1	3	0	7.10	-1.4
4	70	6.10	-12.8	4	60	6.92	-1.1
5	110	5.60	-20	5	110	5.87	-16.1
Mean total dose D_T		**6.34**	**-9.4**	**Mean total dose D_T**		**6.74**	**3.7**

4 Discussion

We propose an inverse method, allowing the determination of the dose at the isocentre delivered through a conformational arc therapy, and based on point measurements at the surface of the patient made via 5 MOSFET detectors in stereotactic radiosurgical conditions.

The angular response of the MOSFET was determined experimentally at the entry and exit of the beam on the surface of a homogeneous spherical medium for field sizes between 18×18 mm² and 42×42 mm².

The angular dependence showed very small variations in the response of the detector with arm angulation : the variation was estimated to 1.62% for beam angles 0° to 90° and 0.78% for beam angles 150° to 180°.

Previous studies reported that variation in the response of the MOSFET was negligible for beam angles 0° to 90°. The anisotropy of the MOSFET, as for other in-vivo dosimeters may be explained by the attenuation caused by the geometry of the detector and has been estimated at between 1% and 3 % from 0° to 180° for the most recent models TN-502-RD [17,28,29]. Therefore, when the angle of the beam is 0 ° to 25 ° on entry and between 0 ° to 30 ° at exit, the angular dependence may be considered as negligible. As was expected the results showed that the width of the angular detection window of MOSFETs increases with field size. Besides, as a result of the divergence of the beam the angular profiles obtained at the exit are wider than on entry.

The angular profiles measured were compared with the profiles of dose calculated at the depth equivalent of a MOSFET equipped with an RW3 cap. For all field sizes studied a good correlation was observed between the measured angular profiles interpolated at entry and exit and the dose profiles calculated by TPS: the risk value α remained low, i.e. $p < 0.05$.These results validated the method of experimental determination of angular responses.

A forward method was developed to calculate the dose delivered to MOSFET detectors placed on the phantom surface for given irradiation parameters. Then an investigation was undertaken to determine optimal positioning of the detectors for four constraints easily reproducible in clinical practice. The maximal arc course explored here was fixed at 170°, as it is commonly done in stereotactic radiosurgery. The irradiation field size and the length of the arc have an effect on the value of the dose given by degrees and hence the acceptable response of the detectors. In general, when the field size diminishes and the arc length increases the dose diminishes for each degree, which means that the dose at the isocentre has to be increased to attain the acceptable criterion (i.e. a measurement at one of the detectors of at least 8 cGy).

For all constraints, field sizes and amplitudes considered the minimal measurable dose at the isocentre (between 1 and 4 Gy) remains lower than doses delivered through each arc in most sessions of single dose stereotactic radiosurgery. At this stage, this means that a measurable reading from detectors in experimental irradiation conditions can be expected. When the detectors are positioned at the entry of the beam, for configurations 1 and 2, the results showed that the minimal dose at the isocentre and the arc course to be investigated are less critical than for configurations 3 and 4, which presume a positioning of two detectors at the exit of the arc. Positioning the detectors according to Constraint 2 enables investigation of dose levels at the isocentre comparable with those delivered in a conventional radiotherapy session, for field sizes encountered in stereotactic radiosurgery, and also offers the advantage of measuring the beginning and end of the arc. However, for Constraint 2 the detectors are not positioned at the angle of neither the beginning nor the end of the arc. Thus measurement of the first or the last angular section of the arc takes place at the limits of the angular window of the MOSFETs where angular response diminishes. This could be a limitation since at the beginning of irradiation the flow of the accelerator is slightly increased to compensate the rise in the rate of the number of UM/min, which occurs at the start of irradiation. Hence, a possible fluctuation in this parameter, which directly conditions the dose delivered per degree, is more difficult to detect in the case of Constraint 2. Constraint 1 can alleviate this deficiency but on the other hand increasing the dose at the isocentre as half the angular window of the detectors placed at the beginning and end of the arc is not irradiated.

For Constraints 3 and 4, which rely on two measurements at the beam exit, the minimal dose required at the isocentre to give a measurable signal for all the detectors of at least 8 cGy, is higher. Because of attenuation, these constraints are most sensitive over the length of the arc course and the width of the detection window. For 18×18 mm² and 30×30 mm², the dose at the isocentre is between 2 and 4 Gy for the course of the arc.

An inverse method was developed to determine the dose at the isocentre by means of 5 detectors on the surface. The method was evaluated numerically and then experimentally.

From a numerical point of view, the choice to limit the positions of the detectors according to 4 constraints allows a reduction in the search space and in calculation time. The value of the stop criterion can be defined precisely while keeping to the rapid convergence conventions of the algorithm (< 1 s). Because of this, it was not deemed necessary to use inverse optimisation algorithms to reduce calculation time and avoid falling into local minima within the margin for errors. As a result the dose uncertainty in respect of each detector is low (< 0.5 %). Using the inverse method developed in this investigation, the total uncertainty in the inverse calculation of the dose at the isocentre was estimated from ideal values yielded by the forward problem at less than 1%.

From the point of view of the experiment the inverse method was evaluated for a dose at the isocentre of 7 Gy, typical of a dose delivered in stereotactic arc radiosurgery. In accordance with the investigation of the forward problem, this dose allowed satisfaction of the acceptability criterion for all constraints. Two field sizes, 30×30 mm² and 18×18 mm², were investigated on an arc to evaluate the method both with and without lateral electronic equilibrium.

The study showed that the difference between the theoretical dose and the real dose measured by the detector $(D_{iso,\,MOS})_i$ is greater when the measurements are taken at the beginning and at the end of the arc course and at the exit of the arc. So as the average total dose is reconstructed by combining the responses of all detectors the gap between the average dose delivered at the isocentre (D_T) and the theoretical dose is smaller for Constraint 2. When the detectors are positioned according to Constraints 1 and 3 the doses measured is smaller because only half of the angular detection window is irradiated and furthermore the response of the detectors is diminished by the thickness of the phantom. Consequently, the difference in relation to the dose absorbed increases when the value of the dose measured by the detector diminishes. This effect is larger as the field size diminishes and as the profiles of the dose calculated at each detector flattens out. This experimental result confirms the hypothesis of the theoretical study on the forward problem.

The results showed that the gaps between the prescribed dose (7 Gy) and the inverse solutions obtained from each MOSFET's measurements are explained in all likelihood by the more difficult positioning of the detector at the arc exit. Notably this was the case for the 30×30 mm² investigation conducted for Constraints 3 and 4 with MOSFET #5 placed at 110°. The same was done for the investigation of Constraints 3 and 4 for an 18×18 mm² field. This explains the larger difference in exit dose in the reconstruction of D_T from the measurement of MOSFET #5.Similarly, a dose difference of more than 10 %, linked to poor positioning of MOSFET #4 (angle = 70°) with 18×18 mm² field size was obtained for Constraint 3. In fact the positioning of the detector was modified in this last case (angle = 55°, difference of dose -1.1 %). Combining the response of all the detectors in calculating the total dose D_T delivered at the isocentre, the inverse method gives satisfactory results for each constraint. The dose difference was between -2.4 % and 0.75 % for field size 30×30 mm² and from -2.5%, to -3.7% for field size 18×18 mm² (for constraint 4 two of the 5 measurements were erroneous).

For each constraint, the attenuation due to the presence of detectors on the surface was measured at 18×18 mm² and 30×30 mm² with a PinPoint chamber in a vertical position in order to minimise disturbance to dose measurements in small field sizes. In fact, when the PinPoint is in a vertical position it is possible partly to compensate the partial volume effect due to the presence of the chamber [30]. If the attenuation is negligible for all constraints at 30×30 mm², it becomes quantifiable at 18×18 mm² (between -1.07 % and -2.57 %). At 18×18 mm², the attenuation is maximal using Constraint 2, where all the detectors are positioned at the beam entry. The attenuation thus becomes comparable with that attained with fixed beams [25]. For comparison, the attenuation of OSLs equipped with electronic water-equivalent caps was estimated at 4.6 %, and for the diodes the attenuation varies between 5.4 % and 12 % [31]. The response anisotropy of the PinPoint chamber used in this investigation was deemed lower than ± 0.5 % for rotations of the beam round the axis of the chamber, and lower than ± 1 % when the axis of the chamber is inclined ± 20 ° in radial incidence and ± 15 ° in axial incidence (PTW, 2011).

Each Constraint described offers advantages and limitations depending on the irradiation parameters investigated such as field size, arc length, the dose at the isocentre and the angle position at the beginning and end of the arc. To our knowledge, it does not exist in the literature any method analogous to the reconstruction of the dose at the isocentre in arc therapy using only detectors positioned on the surface. It is nonetheless possible to note the intra-cavity use of MOSFET detectors in arc therapy techniques involved in treatments to the rectal wall [32]. Reconstruction of the dose at the isocentre is in fact mainly described by way of transmission measurements using EPID detectors, but nonetheless relatively rarely. An accuracy of ± 4 % was reported for the study by Piermattej et al conducted with patients, but this involved field sizes between 30×30 mm² and 50×50 mm² using arc therapy and doses at the isocentre of 17 Gy in instalments over three days (51 Gy) [33].

 DOI: 10.1051/epjconf/201612400007

5 Conclusion

We developed an inverse model for reconstructing the dose delivered at the isocentre from five surface measurements made with MOSFET detectors rotated in a conformational arc. The model relies on the experimental characterisation and reconstruction of the response outside the axis of the detectors. The investigation conducted with the model allows optimising the positioning of the detectors for a given geometry of radiation in a realistic fashion. Our results showed that the inverse method is satisfactory for beam fields of up to 18×18 mm² in conditions of classic stereotactical treatment. The next stage of the investigation will be the taking into account of the movement of micro-MLCs which conform to the geometry of the tumour during the movement of the beam through the arc. These realistic conditions will allow the combining of treatments delivered in dynamic arc therapy with small beams.

References

1. M. Westermark, et al., Comparative dosimetry in narrow high-energy photon beams, Physics in Medicine and Biology, **45**, 685–702 (2000)
2. C. McKerracher and D.I., Thwaites, Assessment of new small-field detectors against standard-field detectors for practical stereotactic beam data acquisition, Physics in Medicine and Biology, **44**, 2143–2160 (1999)
3. E. Pappas, et al., Small SRS photon field profile dosimetry performed using a PinPoint air ion chamber, a diamond detector, a novel silicondiodearray (DOSI), and polymer gel dosimetry: analysis and intercomparison, Medical Physics, **35**, 4640–46488
4. R. Alfonso, et al., A new formalism for reference dosimetry of small and nonstandard fields, Medical Physics, **35**, 5179–86 (2008)
5. C.F. Bjarngard, et al., Doses on the central axes of narrow 6-MV x-ray beams. Medical Physics, **17**, 794–799 (1990)
6. L. Kurjewicz and A. Berndt , Measurement of Gamma Knife® helmet factors using MOSFETs, Medical Physics, **34**, 1007–1012 (2007)
7. P. Francescon, et al., Use of new types of radiochromic film, a new parallel plate chamber, MOSFETs and TLD 800 microcubes in the dosimetry of small beams. Medical Physics, **25**, 503–511 (1998)
8 P. Francescon, et al., Application of a Monte Carlo based method for total scatter factors of small beams to new solid-state micro-detectors, Journal of Applied Clinical Medical Physics, **10**, 29-39 (2009)
9. R. Ramaseshan, et al., Performance characteristics of a microMOSFET as in vivo dosimeter in radiation therapy, Physics in Medicine and Biology, **49**, 4031-4048 (2004)
10. C.J. Tung, et al., In vivo dose verification for photon treatments of head and neck carcinomas using MOSFET dosimeters, Radiation Measurements. **43**, 870 – 874 (2008)
11. Z. Chen, et al., Principles and requirements of external beam dosimetry, Radiation Measurements, **41**, S2–S21 (2007)
12. C.F. Chuang, et al., Investigation of the use of MOSFET for clinical IMRT dosimetric verification, Medical Physics, **29**, 1109-1115 (2002)
13. S. Marcié, et al., In vivo measurements with MOSFET detectors in oropharynx and nasopharynx intensity-modulated radiation therapy, International Journal of Radiation Oncology Biology Physics, **61**, 1603-1606 (2005)
14. R. Varadhan, J. Miller, B. Garrity, M. Weber, In vivo prostate IMRT dosimetry with MOSFET detectors using brass buildup caps, Journal of Applied Clinical Medical Physics,**7**, 22-32 (2006)

15. A. Cherpak, et al., MOSFET detectors in quality assurance of Tomotherapy, Radiotherapy and Oncology, **86**, 242-250 (2008)
16. P. Scalchi, et al., Characterization of a new MOSFET detector configuration for in vivo skin dosimetry, Medical Physics, **32**, 1571-1578 (2005)
17. J.P. Morton, et al., Clinical results of entrance dose in-vivo dosimetry for high energy photon in external beam radiotherapy using MOSFETs, Australasian College of Physical Scientists and Engineers in Medicine, **30**, 252-259 (2007)
18. T. Briere, A.S. Beddar, M.T. Gillin, Evaluation of precalibrated implantable MOSFET radiation dosimeters for megavoltage photon beams, Medical Physics, **32**(11), 3346-49 (2005)
19. J.E. Cygler, et al., Feasibility study of using MOSFET detectors for in vivo dosimetry during permanent low-dose-rate prostate implants, Radiotherapy and Oncology, **80**, 296-301 (2006)
20. C. Ehringfeld, S. Schmid, K. Poljanc, C. Kirisits, H. Aiginger, D.Georg, Application of commercial MOSFET detectors for in vivo dosimetry in the therapeutic x-ray range from 80 kV to 250 kV, Phys Med Biol. **50**, 289-303 (2005)
21. E.J. Bloemen-van Gurp, et al., Clinical implementation of MOSFET detectors for dosimetry in electron beams, Radiotherapy and Oncology, **80**, 288-295 (2006)
22. A.B. Rosenfeld, MOSFET dosimetry on modern radiation oncology modalities, Radiation Protection Dosimetry, 101, 393-398 (2002)
23. R. Ramani, et al., Clinical dosimetry using MOSFETs, International Journal of Radiation Oncology Biology Physics, **37**, 959-964 (1997)
24. A.B. Rosenfeld, Electronic dosimetry in radiation therapy, Radiation Measurements, **41**, 134–153 (2007)
25. A. Sors, et al. An optimized calibration method for surface measurements with MOSFETs in shaped-beam radiosurgery, Physica Medica, **30**(1), 10-17 (2014)
26. M. Soubra, et al. Evaluation of a dual bias dual metal oxide-silicon semiconductor field effect transistor detector as radiation dosimeter, Medical Physics, **21**(4), 567–72 (1994)
27. E.A. Gardner, et al., In vivo dose measurement using TLDs and MOSFET dosimeters for cardiac radiosurgery, Journal of Applied Clinical Medical Physics, **13**(3), 190-203 (2012)
28. A. Gopiraj et V. Ramasubramanian, Entrance and Exit Dose Measurements with MOSFET Detectors During Radiotherapy Treatments, Austral-Asian Journal of Cancer, **8**(3), 151-158 (2009)
29. R.A. Kinhikar, R. Pai, Z. Master, D.D. Deshpande, Characterization of metal oxide field-effect transistors for first helical tomotherapy Hi-Art II unit in India, Journal of cancer research and therapeutics, **5**(4), 284-289 (2009)
30. I.J. Das, et al., Choice of radiation detector in dosimetry of stereotactic radiosurgery-radiotherapy, Journal of Radiosurgery, **3**, 177-185 (2000)
31. P.A. Jursinic and C.J. Yahnke, In vivo dosimetry with optically stimulated luminescent dosimeters, OSLDs, compared to diodes; the effects of buildup cap thickness and fabrication material, Medical Physics, **38**(10), 5432-5440 (2011)
32. N. Hardcastle, D.L. Cutajar, P.E. Metcalfe, M.L.F Lerch, V.L. Perevertaylo, W.A. Tome, A.B. Rozenfeld, In vivo real-time rectal wall dosimetry for prostate radiotherapy, Physics in Medicine and Biology, **55**(13), 3859-3871 (2010)
33. A. Piermattei, et al., Dynamic conformal arc therapy: Transmitted signal in vivo dosimetry, Medical Physics, **35**(5), 1830-1839 (2008)

AUTHOR INDEX

EDP Sciences – Web of Conferences
17, Avenue du Hoggar
Parc d'Activité de Courtabouf
BP 112
F-91944 Les Ulis Cedex A
France

ISBN 978-1-5108-3047-9

CURRAN ASSOCIATES INC.
proceedings.com